高等法律职业教育系列教材
审定委员会

高等法律职业教育系列教材

软件工程教程

RUANJIAN GONGCHENG JIAOCHENG

主　编 ○ 李俊磊　　陈晓明

副主编 ○ 邹同浩　　许学添　　刘卫华

撰稿人 ○ 李俊磊　　陈晓明　　邹同浩

　　　　　许学添　　刘卫华　　陈芳琳

　　　　　陈丽仪　　刘宗妹

中国政法大学出版社

2020·北京

图书在版编目（CIP）数据

软件工程教程/李俊磊，陈晓明主编. —北京：中国政法大学出版社，2020.11
ISBN 978-7-5620-9679-5

Ⅰ.①软…　Ⅱ.①李…②陈…　Ⅲ.①软件工程－高等学校－教材　Ⅳ.①TP311.5

中国版本图书馆CIP数据核字(2020)第194527号

出　版　者　　中国政法大学出版社

地　　　址　　北京市海淀区西土城路 25 号

邮　　　箱　　fadapress@163.com

网　　　址　　http://www.cuplpress.com (网络实名：中国政法大学出版社)

电　　　话　　010-58908435(第一编辑部) 58908334(邮购部)

承　　　印　　固安华明印业有限公司

开　　　本　　787mm×1092mm　1/16

印　　　张　　13.5

字　　　数　　265 千字

版　　　次　　2020 年 11 月第 1 版

印　　　次　　2020 年 11 月第 1 次印刷

印　　　数　　1~4000 册

定　　　价　　39.00 元

总序

高等法律职业化教育已成为社会的广泛共识。2008年，由中央政法委等15部委联合启动的全国政法干警招录体制改革试点工作，更成为中国法律职业化教育发展的里程碑。这也必将带来高等法律职业教育人才培养机制的深层次变革。顺应时代法治发展需要，培养高素质、技能型的法律职业人才，是高等法律职业教育亟待破解的重大实践课题。

目前，受高等职业教育大趋势的牵引、拉动，我国高等法律职业教育开始了教育观念和人才培养模式的重塑。改革传统的理论灌输型学科教学模式，吸收、内化"校企合作、工学结合"的高等职业教育办学理念，从办学"基因"——专业建设、课程设置上"颠覆"教学模式："校警合作"办专业，以"工作过程导向"为基点，设计开发课程，探索出了富有成效的法律职业化教学之路。为积累教学经验、深化教学改革、凝塑教育成果，我们着手推出"基于工作过程导向系统化"的法律职业系列教材。

《国家中长期教育改革和发展规划纲要（2010~2020年）》明确指出，高等教育要注重知行统一，坚持教育教学与生产劳动、社会实践相结合。该系列教材的一个重要出发点就是尝试为高等法律职业教育在"知"与"行"之间搭建平台，努力对法律教育如何职业化这一教育课题进行研究、破解。在编排形式上，打破了传统篇、章、节的体例，以司法行政工作的法律应用过程为学习单元设计体例，以职业岗位的真实任务为基础，突出职业核心技能的培养；在内容设计上，改变传统历史、原则、概念的理论型解读，采取"教、学、练、训"一体化的编写模式。以案例等导出问题，根据内容设计相应的情境训练，将相关原理与实操训练有机地结合，围绕关键知识点引入相关实例，归纳总结理论，分析判断解决问题的途径，充分展现法律职业活动的演进过程和应用法律的流程。

  法律的生命不在于逻辑，而在于实践。法律职业化教育之舟只有驶入法律实践的海洋当中，才能激发出勃勃生机。在以高等职业教育实践性教学改革为平台进行法律职业化教育改革的路径探索过程中，有一个不容忽视的现实问题：高等职业教育人才培养模式主要适用于机械工程制造等以"物"作为工作对象的职业领域，而法律职业教育主要针对的是司法机关、行政机关等以"人"作为工作对象的职业领域，这就要求在法律职业教育中对高等职业教育人才培养模式进行"辩证"地吸纳与深化，而不是简单、盲目地照搬照抄。我们所培养的人才不应是"无生命"的执法机器，而是有法律智慧、正义良知、训练有素的有生命的法律职业人员。但愿这套系列教材能为我国高等法律职业化教育改革作出有益的探索，为法律职业人才的培养提供宝贵的经验、借鉴。

2016 年 6 月

前　言
Foreword

　　软件工程是属于理论与实践相结合的工程学科。它采用了工程化的概念、理论、技术和方法来进行指导计算机软件开发和维护。随着信息化技术的发展，软件产品渗透到了各行各业。软件产品的研发和生产过程越来越受社会关注，企业对软件工程人才的需求越来越多，各理工科院校基本均开设了软件工程课程。

　　本书通过任务驱动教学的方式，以工作过程为导向，用案例贯穿知识点，系统地介绍了软件工程基础知识；按照软件生存周期的顺序，详尽地介绍了各个阶段的任务、过程、方法、工具和对应的文档。教程同时从客户和开发商两个角度阐述了一项软件项目从无到有的过程，描述了从客户招标开始到开发商中标，项目研发，再到通过验收成功上线投入使用的过程。书中还讲述了软件开发项目经理在研发过程中如何对项目进行管理，确保项目按质按量按期顺利结项。

　　全书共八个学习单元。学习单元一概括地介绍了软件工程的基本概念，包括软件、软件危机、软件工程、软件生命周期与常用模型。学习单元二介绍了招投标过程，涉及招标公告、招标文件、投标标书、评标等环节，以及如何对招标过程进行管理确定中标单位。学习单元三是需求分析的有关知识，包括需求分析过程、需求分析获取技术、结构化分析建模工具以及需求规格说明书的模板框架。学习单元四和学习单元五是有关软件设计的知识，详细地介绍了软件设计的原理、工具、方法和文档，包括模块化设计原理、软件结构及描绘它的图形工具、面向数据流的设计方法、面向数据结构的设计方法以及设计文档的内容框架。学习单元六是编码与测试，介绍了编码语言的选择，重点介绍了黑盒测试、白盒测试、单元测试、集成测试、系统测试等测试技术。学习单元七是软件项目验收与维护，包括项目验收流程、维护的基本概念、可维护性以及维护的步骤和维护报告的制作等。学习单元八介绍了软件研发过程中涉及的软件项目管理的概念、原理、方法与技术，涵盖项目管理的十大知识领域，涉及项目的整体管理、范围管理、进度管理、成本管理、质量管理、沟通管理和干系人管理、采购管理与合同管理、人力资源管理和风险管理等。

本书注重引导学生参与课堂教学活动，关注企业项目开发过程，适合高等院校相关专业作为教、学、练、做一体化的教材，也可以供软件工程爱好者、从业者自学使用。

本书由李俊磊、陈晓明、邹同浩、许学添、刘卫华、陈芳琳、陈丽仪、刘宗妹组成编写团队，他们来自信息技术的程序设计、网络工程、大数据分析等教师和工程技术岗位。书稿编撰过程中，得到了教学、科研、网络工程部门的领导和技术人员的支持以及兄弟院校同类专业老师的帮助，在此向所有为本书做出贡献的同志致以衷心的感谢！

编　者

2020 年 10 月 12 日

认识软件工程

任务一　掌握软件工程的基本知识

任务描述

在日常的学习和生活中，你接触过哪些软件？软件有生命吗？

核心知识

软件工程的基本知识包括理解软件定义、特点，了解其存在危机及对应的解决方法。

一、计算机软件的定义和特点

软件是计算机系统中与硬件相互依存的一部分，包括程序、数据及其说明文档。其中程序是能够完成特定功能的指令序列；数据是程序能正常操纵信息的数据结构；文档是与程序设计、开发及维护有关的各种图文资料。

软件同传统的工业产品相比，具有以下特点：

（1）软件是一种逻辑产品。软件产品是看不见摸不着的，因而具有无形性，是脑力劳动的结晶，是以程序和文档的形式出现的，保存在计算机存储器和外部存储介质上，通过计算机的运行和执行才能体现其功能和作用。

（2）软件产品的生产主要在于研发，软件产品的成本主要体现在软件项目研发过程中的人力耗费上。软件一旦研发成功，就可以进行大量复制部署。

（3）软件在使用的过程中不会出现磨损、老化等问题，但在使用过程中为了适应硬件环境的变化或改善软件的功能和性能而需要对软件进行维护。当维护的成本变得难以接受时，软件即被抛弃。

（4）软件的开发主要是脑力劳动，虽然现在也逐步出现越来越多的自动化编程设备，但是软件的开发还是离不开人的脑力劳动。

（5）软件会越来越复杂。软件涉及人类社会的方方面面、各行各业，软件需要满足人类的需求也越来越复杂，因此对软件研发人员的技术要求也越来越高。

（6）软件的成本相当昂贵。软件研发需要投入大量的、高强度的脑力劳动，成本非常高，风险也很大。

（7）软件工程牵涉很多社会因素。软件的开发和运行涉及机构、体制和管理方式等多方面问题，还会涉及人们的观念和心理等因素。

二、软件危机的概念

从 20 世纪 60 年代中期开始，软件行业进入了一个大发展时期，计算机的应用范围迅速扩大，软件开发数量急剧增长，软件规模不断扩大，复杂性越来越强，功能越来越复杂，使得用早期的自由软件开发方式来开发高质量的软件变得越来越困难。在软件的开发过程中，经常会出现不能按时完成任务、产品质量得不到保证、工作效率低下和开发经费严重超支等情况，失败的项目如雨后春笋般涌现，这一系列严重问题就导致了"软件危机"的产生。

软件危机是指在计算机软件的开发和维护过程中所遇到的一系列严重问题，这些问题绝不仅仅是"不能正常运行的"软件才具有的，几乎所有软件都不同程度地存在这类问题。概括地讲，软件危机包括两个方面问题：如何开发软件，以满足日益增长的需求；如何维护不断增长的已有软件产品。

具体来说，软件危机主要有以下几种典型表现：

（1）对软件开发成本和进度的估计常常不准确，开发成本超出预算，实际进度远远落后于预定计划的现象并不罕见。这种现象大大地降低了软件开发组织的信誉。

（2）用户对"已完成"软件系统不满意的现象常常发生。软件开发人员和用户的交流不深入，需求获取不准确、不全面，造成开发人员对用户的要求含混不清、一知半解，仓促编写程序，并不进行测试，最终导致产品的功能、性能方面和用户期望存在一定偏差。

（3）软件产品的质量往往无法保证。在软件开发的各个阶段没有采用质量保证技术进行阶段性评审，不能及时发现问题。

（4）软件的可维护性非常低。重开发轻维护的现象比比皆是，"可重用软件"依旧是个传说。

（5）软件缺少适当的文档资料。错误地认为软件产品就是程序代码，没有配置对应的文档资料。

（6）软件开发的成本不断提高，软件的生产水平依然远远落后于硬件的生产水平。软件开发还是以人力手工为主，需要大量的人力成本。

三、软件危机产生的原因

软件危机的产生,一方面是与软件本身的特点有关,另一方面是由软件开发和维护的方法不规范、不正确造成的,其根本的原因可以概括为以下几个方面:

(1) 忽视了软件开发前期的需求分析。许多用户了解自己的工作,但不能正确地从开发的角度描述他们的需求,这要求开发者做大量的深入细致的调查工作,反复与用户交流,才能全面、真实和具体地了解用户的需求。

(2) 开发过程没有统一、规范的方法论的指导,文档资料不齐全,忽视了人与人之间的交流。一个软件从开始计划、定义、开发、使用和维护,直到最终被废弃不用,要经历一个漫长的时期,这个时期一般被称为软件的生存周期。这个周期一般包括计划、开发、运行三个时期,每个时期又可分为若干个更小的阶段,包括制订计划、需求分析和定义、软件设计、程序编写、软件测试、运行和维护等几个步骤,编程只是软件开发过程的一个阶段,而在典型的软件开发工程中,编写程序的工作量只占全部开发工作量的 10%~30%,缺少规范而盲目上阵编写代码的做法是不可取的。

(3) 忽视测试阶段的工作,提交给用户的软件质量得不到保证。

(4) 轻视软件产品的维护。在软件产品漫长的使用过程中,不仅必须改正使用过程中发现的每一个潜在的错误,而且当环境变化时(例如硬件或系统软件更新换代)还必须相应地修改软件以适应新环境,特别是必须改进或扩充原来的软件以满足用户不断变化的需要。

四、解决软件危机的方法

消除软件危机的方法中,既要有技术措施,又要有管理组织措施。软件工程正是从技术和管理两方面研究如何更有效地开发和维护计算机软件的一门新兴学科。

简单地说,软件工程是一门研究如何用系统化、规范化、数量化等工程原则和方法去进行指导软件开发和维护的学科。它应用计算机科学、数学以及管理科学等原理,运用工程学的理论、方法和技术,研究和指导软件开发和演化,以达到提高软件质量、降低软件成本的目的。其中计算机科学及数学用于构造模型与算法,工程科学用于制定规范、设计模型和评估成本,管理科学用于计划、资源、质量和成本等管理。

软件工程的目标包括以下几点:

◉使软件开发的成本能够控制在预计的合理范围内。

◉使软件产品的各项功能和性能能够满足用户需求。

◉提升软件产品的质量。

◉提升软件产品的可靠性。

◉使生产出来的软件产品易于移植、维护、升级和使用。

◉使软件产品的开发周期能控制在预计的合理时间范围内。

软件工程的目标可概括为：在给定的成本、范围、进度的前提下，开发出具有可修改性、有效性、可靠性、可理解性、可维护性、可重用性、可适应性、可移植性、可追踪性和可互操作性并满足用户要求的软件产品。即"以较少的投资获取高质量的软件产品"。

为了达到"以较少的投资获取高质量的软件产品"这个最终目的，著名的软件工程专家 B. W. Boehm 综合学者们的意见并总结了 TRW 公司多年开发软件的经验，于1983 年提出了软件工程的七条基本原理。

软件工程技术所遵循的七条基本原理具体如下：

（1）用分阶段的生命周期计划严格管理开发过程。统计表明，50%以上的失败项目是由计划不周造成的。在软件开发与维护的漫长生命周期中，需要完成许多性质各异的工作。该原理意味着，应该把软件生命周期分成若干阶段，并相应制定出切实可行的计划，然后严格按照计划对软件的开发和维护进行管理。Boehm 认为，在整个软件生命周期中应指定并严格执行六类计划：项目概要计划、里程碑计划、项目控制计划、产品控制计划、验证计划、运行维护计划。

（2）坚持进行阶段评审。统计结果显示，大部分错误是在编码之前造成的，错误发现得越晚，改正它付出的代价就越大。因此，软件的质量保证工作不能等到编码结束之后再进行，应坚持进行严格的阶段评审，以便尽早发现错误。

（3）实行严格的产品控制。开发人员最头痛的事情之一就是需求改动。但是实践告诉我们，需求的改动往往是不可避免的。这就要求我们采用科学的产品控制技术来管理这种要求，也就是要采用变更控制，又叫基准配置管理。当需求变动时，其他各个阶段的文档或代码也要随之发生改变，以保证软件的一致性。

（4）采纳现代程序设计技术。目前，市场上软件开发技术多种多样，更新换代快，采用先进的技术既可以提升软件开发的效率，又可以减少软件维护的成本。

（5）明确地规定开发小组的责任和产品标准，结果应能清楚地审查。软件是一种看不见、摸不着的逻辑产品。软件开发小组的工作进展情况可见性差，难于评价和管理。为更好地进行管理，应根据软件开发的总目标和完成期限，尽量明确地规定开发小组的责任和产品标准，从而能以所得到的标准进行清楚的审查。

（6）开发小组人员应少而精。开发人员的质量和数量是影响软件质量和开发效率的重要因素，开发小组人员应该少而精，其原因包括两个方面：高素质开发人员的效率比低素质开发人员的效率高几倍到几十倍，开发过程中犯的错误也要少得多；当开发小组为 N 人时，可能的通讯信道为 N（N-1）/2，可见随着人数的增加，通信开销也急剧增大。

（7）承认不断改进软件工程实践的必要性。

上述七条基本原理，相互独立，缺一不可。在实践过程中，可以对这些原理进行细化和再生，灵活应用这些原理指导软件开发。

任务二　了解软件研发的过程

任务描述

一个软件的研发经历了哪些环节？软件研发中编程能够正确运行就完成项目了吗？

核心知识

一个软件并不会无缘无故被研发出来，一般是基于某种需求经过一系列环节而生产出来的。软件的研发通常包括以下环节：

一、需求的萌芽

随着信息化的发展，应用信息化技术手段协助办公和决策越来越普及，为节约人力成本、提高工作效率、促进决策科学化，就会萌发出研发业务系统软件产品的想法，通过这样一个系统来管理或实现日常工作中的业务。

二、调研、立项

研发系统的想法提出后，需成立系统调研工作小组，对建设该系统的必要性和可行性进行调研。针对当前行业内是否存在类似的系统、相关行业内的单位是否也建设了该系统、已有系统目前运转如何、是否满足了需求、开发的成本情况等方面，从经济、技术、社会环境以及法律法规和用户可行性方面进行调研，对是否同意研发该系统做决策，准确回答"系统开发做还是不做"的问题，如决定做则立项。

三、招标、选择研发方

大部分公司都是非软件开发公司，自身没有相关的技术人员能够自行研发出业务系统，这个时候就需要委托承建方来帮忙研发，那如何选择软件开发公司进行承包研发呢？应在初步整理业务系统使用人员的大概需求后，汇总整理出需求文档，通过发布招标、投标、竞标等信息来准确选择"系统由谁来做"，确定的中标单位即是研发单位，双方（使用单位和中标单位）签订合同。

四、系统需求分析

使用单位和研发单位签订合同后，研发单位就可以开始入场工作了。

要想开发出用户满意的软件系统，必须先准确地回答"系统做什么，系统不做什么"的问题。因此，研发单位需要安排需求分析师开始进行详细的需求调研和分析，与使用单位的系统用户沟通，获取需求，用正式文档准确地记录系统的需求，这份文档就是需求规格说明书。

五、设计

对系统的需求进行分析后，已经清楚了系统要"做什么"，现在到了考虑系统"怎么做"的阶段，软件设计的任务就是解决"怎么做"的问题。设计阶段又分两个阶段，概要设计和详细设计。概要设计犹如画家根据画的寓意构思一幅画的轮廓一样，根据系统的功能需求，设计软件结构，即确定程序由哪些模块组成以及模块间的关系。详细设计则是画家对这幅画的每一个区域采用什么样的风格进行构思，即对概要设计的细化，详细设计软件结构图中的每一个模块的实现算法、模块内的数据结构。

六、编码

如果说系统设计是画家构思一幅作品，那么编码与测试阶段便是画家用笔墨纸砚将抽象转为具体的实现过程。软件设计完成后，需要将体系结构、设计模式、界面等设计结果转换为程序，分析、选择一种开发语言，理解、制定、执行编码规范，理解、搭建系统框架，使用编码平台进行编程。

七、测试

通过单元测试、集成测试、系统测试等多个环节对代码进行测试，发现其功能、性能、逻辑和实现上的缺陷，使软件满足用户需求，性能稳定。

八、维护

系统软件验收通过后，开发单位将用户指南提交给用户，软件系统就可以正式交付给使用单位了。为了保证软件产品能够正常运行，需要长期对系统进行维护，直到软件报废。维护阶段将是软件生命周期中最长的时期。

通常有四类维护活动：改正性维护，即诊断和改正在使用过程中发现的软件错误；适应性维护，即修改软件使之能适应环境的变化；完善性维护，即根据用户的新要求扩充功能和改进性能；预防性维护，即修改软件为将来的维护活动预先准备。

同任何事物一样，一个软件产品或软件系统也要经历孕育、诞生、成长、成熟、衰亡等阶段，一般称之为软件生命周期。把整个软件生命周期划分为若干个阶段，使得每个阶段都有明确的任务，使规模大、结构复杂和管理复杂的软件开发变得容易控制和管理。软件生命周期内有问题定义、可行性分析、需求分析、设计（概要设计、详细设计）、编码、测试、验收与运行、维护升级到废弃等阶段，这种按时间分阶段的思想方法是软件工程中的一种思想原则，即按部就班、逐步推进，每个阶段都要有定义、工作、审查并形成文档以供交流或备查，以提高软件的质量。一般情况下，软件的生命周期如图 1.1 所示。

可行性分析──→需求分析──→设计──→编码──→测试──→维护

图 1.1　软件的生命周期

在软件工程中的每一个阶段完成后，为了确保工作的质量，必须进行评审。为了保证系统信息的完整性和软件使用的方便，还要有相应的文档资料。各阶段需要编写的文档与软件生命周期的关系如表 1.1 所示。

表 1.1　软件生命周期各阶段与文档编制的关系

文档＼阶段	可行性分析	需求分析	概要设计	详细设计	编码	测试
可行性研究报告	√					
项目开发计划书	√	√				
需求规格说明书		√				
测试计划书		√	√	√		
概要设计说明书			√			
详细设计说明书				√		
数据库设计说明书			√	√		
用户手册		√	√	√	√	
操作手册			√	√	√	
测试分析报告						√
开发进度月报	√	√	√	√	√	
项目开发总结						√

每个软件文档最终要回答如下问题：

（1）为什么要开发与维护软件，即回答"为什么（why）"。

（2）最终目标要满足哪些需求，即回答"做什么（what）"。

（3）功能需求应如何实现，即回答"怎么做（how）"。

（4）开发与维护软件计划由谁来完成，即回答"谁来做（who）"。

（5）工作时间如何安排，即回答"何时做（when）"。

（6）工作在什么环境中进行，所需信息从哪里来，即回答"何处做（where）"。

表 1.1 中的文档要回答哪些问题，请参考表 1.2。

表 1.2　软件文档所回答的问题

文档＼问题	为什么	做什么	怎么做	谁来做	何时做	何处做
可行性研究报告	√	√				
项目开发计划书		√		√	√	
需求规格说明书		√				√
测试计划书			√	√	√	
概要设计说明书			√			
详细设计说明书			√			
数据库设计说明书			√			
用户手册			√			
操作手册			√			
测试分析报告		√				
开发进度月报		√			√	
项目开发总结		√				

任务三　了解常用的软件开发模型

任务描述

在开发一个软件时，由于客户对业务系统不了解，导致需求不太明确，在这种情形下利用哪种软件开发模型进行项目的开发？

核心知识

软件开发模型（Software Development Model）是指软件开发全部过程、活动和任务的结构框架。软件开发包括需求、设计、编码和测试等阶段，有时也包括维护阶段。软件开发模型能清晰、直观地表达软件开发全过程，明确规定了要完成的主要活动和任务，用来作为软件项目工作的基础。对于不同的软件系统，可以采用不同的开发方法、使用不同的程序设计语言以及由各种不同技能的人员参与工作、运用不同的管理方法和手段等，并且允许采用不同的软件工具和不同的软件工程环境。

一、瀑布模型

最早出现的软件开发模型是 1970 年温斯顿·罗伊斯（Winston Royce）提出的瀑布模型。该模型给出了固定的顺序，将生命周期活动从上一个阶段向下一个阶段逐级过渡，如瀑布流水，最终得到软件产品，投入使用。

瀑布模型的核心思想是按程序工序化将问题简化，将功能的实现与设计分开，便于分工协作，即采用结构化的分析和设计方法将逻辑实现与物理实现分开。瀑布模型将软件生命周期划分为可行性分析与计划、需求分析、软件设计、编码、软件测试和运行维护六个基本活动，并且规定了它们自上而下、相互衔接的固定次序，如同瀑布流水，逐级下落。如果需求发生变化，则需要逐级返回，修改所有相关的文档及代码，如图 1.2 所示。

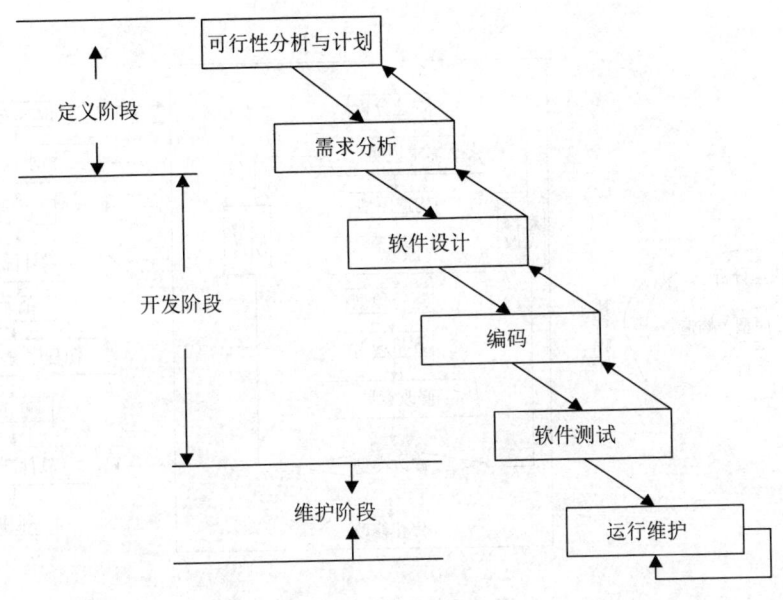

图 1.2　瀑布模型

1. 瀑布模型的优点：为项目提供了按阶段划分的检查点，有利于大型软件开发过程中人员的组织、管理，有利于软件开发方法和工具的研究，当前一阶段完成后，才需要去关注后续阶段，从而提高了大型软件项目开发的质量和效率。

2. 瀑布模型的缺点：

（1）在项目各个阶段之间极少有反馈，他们之间依靠文档来传达所有信息。

（2）只有在项目生命周期的后期才能看到软件产品。

（3）通过过多的强制完成日期和里程碑来跟踪各个项目阶段。

（4）瀑布模型的突出缺点是不能有效地适应用户需求的变化，只适用于项目开始时需求已确定的情况。

3. 瀑布模型的使用范围：

（1）用户的需求非常清楚全面，且在开发过程中没有或很少变化。

（2）开发人员对软件的应用领域很熟悉。

（3）用户的使用环境非常稳定。

（4）开发工作对用户参与的要求很低。

二、快速原型模型

快速原型模型的第一步是快速建立一个能满足用户基本需求的原型，使用户通过这个原型初步表达出自己的需求，并通过反复修改、完善，逐步靠近用户的全部需求，最终形成一个完全满足用户需求的新的系统。快速原型模型如图 1.3 所示。

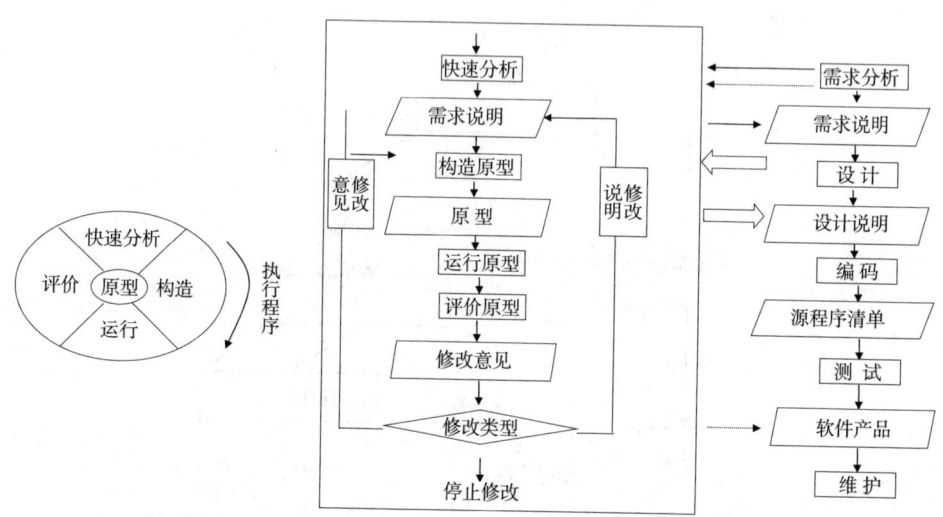

图 1.3　快速原型模型

通过建立原型，可以更好地和客户进行沟通，澄清一些模糊需求，并且对需求的变化有较强的适应能力。原型模型可以减少技术、应用的风险，缩短开发时间，减少费用，提高生产率。通过实际运行原型，提供了用户直接评价系统的方法，促使用户主动参与开发活动，加强了信息的反馈，促进了各类人员的协调交流，进而减少误解。能够适应需求的变化，最终有效提高软件系统的质量。

1. 快速原型模型的优点：

（1）可以得到比较良好的需求定义，容易适应需求的变化。

（2）有利于开发与培训的同步。

（3）开发费用低、开发周期短且对用户更友好。

2. 快速原型模型的缺点：

（1）客户与开发者对原型理解不同。

（2）准确的原型设计比较困难。

（3）不利于开发人员的创新。

3．快速原型模型的使用范围：

（1）对所开发的领域比较熟悉而且有快速的原型开发工具。

（2）项目招投标时，可以以原型模型作为软件的开发模型。

（3）进行产品移植或升级时，或对已有产品原型进行客户化工作时，原型模型是非常适合的。

快速原型模型可以克服瀑布模型的缺点，减少由于软件需求不明确带来的开发风险，具有显著的效果。快速原型模型软件开发方法适用于软件需求不明确的情况。

三、螺旋模型

对于大型软件而言，一般开发过程比较复杂，在软件开发初期阶段需求不是很明确，常常采用渐进式的开发模型。螺旋模型是渐进式开发模型的代表之一，它是一种演化软件开发过程模型，兼顾了快速原型模型的迭代特征和瀑布模型的系统化与严格监控，其最大的特点在于引入了其他模型所不具备的风险分析，使软件在无法排除重大风险时有机会停止，以减少损失。同时，在每个迭代阶段构建原型是螺旋模型用以减小风险的途径，因此，螺旋模型特别适合于大型复杂的系统。螺旋模型沿着螺线进行若干次迭代，图 1.4 中的四个象限代表了以下活动：

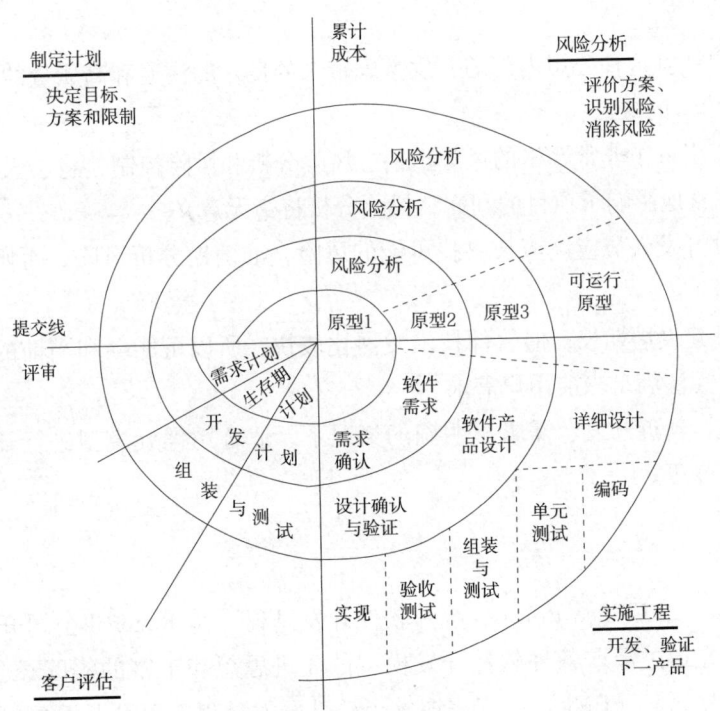

图 1.4　螺旋模型

（1）制定计划。确定软件目标，选定实施方案，弄清项目开发的限制条件。

（2）风险分析。分析评估所选方案，考虑如何识别和消除风险。

（3）实施工程。实施软件开发和验证。

（4）客户评估。由客户运行原型并评价开发工作，提出修正建议，制定下一步计划。

1．螺旋模型的使用条件：

（1）在项目开发早期需求可能有所变化。

（2）分析设计人员对应用领域很熟悉。

（3）高风险项目。

（4）用户可不同程度地参与整个项目的开发过程。

（5）使用面向对象的语言或统一建模语言（UML）。

（6）使用 CASE（计算机辅助软件工程）工具。

（7）具有高素质的项目管理者和软件研发团队。

2．螺旋模型的优点：

（1）设计上的灵活性，可以在项目的各个阶段进行变更。

（2）以小的分段来构建大型系统，使成本计算变得简单容易。

（3）客户始终参与每个阶段的开发，保证了项目不偏离正确方向以及项目的可控性。

（4）随着项目的推进，客户始终掌握项目的最新信息，从而能够和管理层有效地交互。

（5）客户认可这种公司内部的开发方式带来的良好的沟通和高质量的产品。

3．螺旋模型的缺点：

（1）由于引入了非常严格的风险识别、风险分析和风险控制，将会大大消耗人力、资源，如果严重地影响了项目的利润，风险分析将毫无意义。

（2）软件开发人员应该擅长寻找可能的风险，准确地分析风险，否则将会带来更大的风险。

（3）软件建设周期长，但软件技术发展比较快，所以可能会和当前的技术水平有较大的差距，无法满足当前用户需求。

总体来说，新近开发、需求不明确的情况下，适合用螺旋模型进行开发，便于风险控制和需求变更。

四、RUP

RUP（Rational Unified Proess，统一软件开发过程）是 Rational 公司开发和维护的过程产品，它是通过汲取各种软件开发模型的先进思想和丰富的实践经验而产生的，通常与统一建模语言（UML）一起完成整个软件开发过程。RUP 是可配制的、风险驱动的、架构为中心的、基于用例驱动的软件开发过程。

1. RUP 的阶段。RUP 中的软件生命周期在时间上被分解为四个顺序的阶段，分别是：初始阶段（Inception）、细化阶段（Elaboration）、构造阶段（Construction）和移交阶段（Transition）。每个阶段结束于一个主要的里程碑（Major Milestones）；每个阶段本质上是两个里程碑之间的时间跨度。在每个阶段的结尾执行一次评估以确定这个阶段的目标是否已经满足。如果评估结果令人满意的话，可以允许项目进入下一个阶段。RUP 模型如图 1.5 所示。

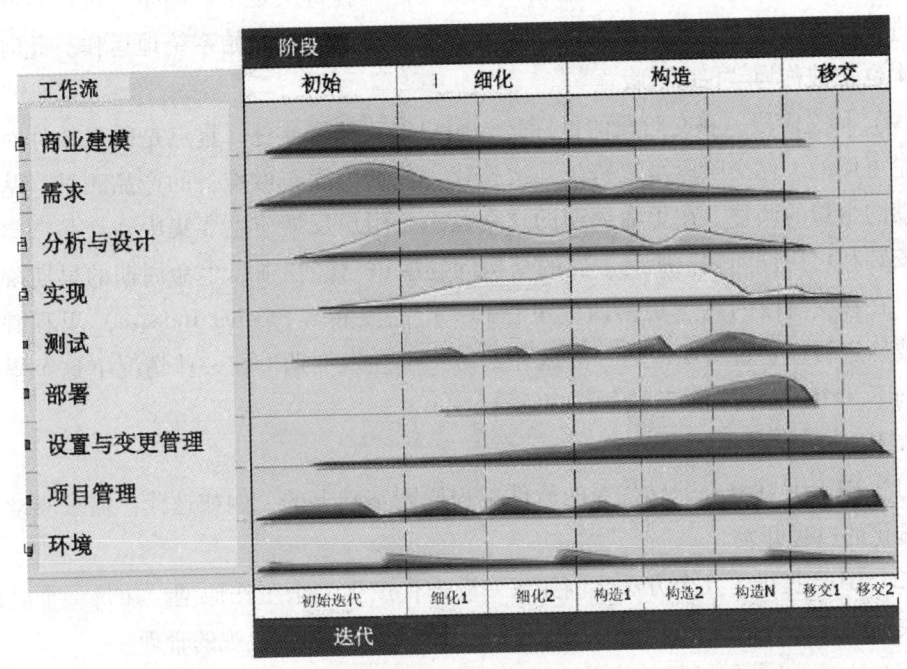

图 1.5　RUP 模型

（1）初始阶段。初始阶段的目标是为了建立业务模型用例，明确项目的范围。为了达到该目标必须识别所有与系统交互的外部实体，在较高层次上定义交互的特性。本阶段具有非常重要的意义，在这个阶段中所关注的是整个项目进行中的业务和需求方面的主要风险。对于建立在原有系统基础上的开发项目来讲，初始阶段可能很短。初始阶段结束时是第一个重要的里程碑：生命周期目标（Lifecycle Objective）里程碑。生命周期目标里程碑评价项目基本的生存能力。

（2）细化阶段。细化阶段的目标是为了分析问题域，建立一个健全的、合理的体系结构基础，明确项目中的高风险元素，编制一个合理的项目开发计划。为了达到该目标，必须在理解整个系统的基础上，对体系结构作出决策，包括其范围、主要功能和诸如性能等非功能需求。同时为项目建立支持环境，包括创建开发案例，创建模板、准则并准备工具。细化阶段结束是第二个重要的里程碑：生命周期结构（Lifecycle Architecture）里程碑。生命周期结构里程碑为系统的结构建立了管理基准并使项目小组能够在构建阶段中进行衡量。此刻，要检验详细的系统目标和范围、结构的选择以及主要风险的解决方案。

（3）构造阶段。在构建阶段，要开发一个完整的软件系统，所有的功能被详细测试，准备给用户使用。从某种意义上说，构建阶段是一个制造过程，其重点在于管理资源及控制运作以优化成本、进度和质量。构建阶段结束时是第三个重要的里程碑：初始功能（Initial Operational）里程碑。初始功能里程碑决定了产品是否可以在测试环境中进行部署。此刻，要确定软件、环境、用户是否可以开始系统地运作。此时的产品版本也常被称为"beta"版。

（4）移交阶段。移交阶段的目标是为用户安装部署软件，重点是确保软件对最终用户是可用的。移交阶段可以跨越几次迭代，包括为发布做准备的产品测试，基于用户反馈的少量的调整。在生命周期的这一点上，用户反馈应主要集中在产品调整、设置、安装和可用性问题，所有主要的结构问题应该已经在项目生命周期的早期阶段解决了。在移交阶段的终点是第四个里程碑：产品发布（Product Release）里程碑。此时，要确定目标是否实现，是否应该开始另一个开发周期。在一些情况下这个里程碑可能与下一个周期的初始阶段的结束重合。

2. RUP 的优点：

（1）RUP 是建立在非常优秀的软件工程原则基础上的，例如迭代，需求驱动，基于结构化的过程开发。

（2）RUP 提供了几个方法，例如每一次迭代产生一个工作原型，在每一个阶段结束时决定项目是否继续，这些方法提供了对开发过程的非常直观的管理。

（3）Rational 公司已经并将继续对 RUP 进行开发，使这个基于 html 的软件工程能够被裁减以适合你的组织的实际需要。

3. RUP 的缺点：

（1）RUP 仅仅包含了开发过程。它没有完全覆盖软件过程，从图 1.5 能够明显看出，它丢失了维护和技术支持这两个重要的阶段。

（2）RUP 不支持组织内的多项目开发，导致组织内的大范围的重用无法实现。

（3）RUP 缺少开发商的支持。用户能自动完成软件过程的每一个方面，rational 提供了所有的工具供用户选择，例如是否有 rational help desk 或者 rational persistence modeling。

（4）RUP 在度量管理、重用管理、人员管理和测试上有缺陷。

任务四 实验实训

作为 UML 支撑环境的 Rational Rose 可视化建模工具，专门用于面向对象语言方法的工具，Rational Rose 可用于 Rational 统一过程 RUP 或使用 UML 图标的任何方法。请了解 Rational Rose 工具的使用。

小结

本单元介绍了软件工程的基本知识，包括软件的概念、软件危机、解决软件危机的方法——软件工程。软件工程采用工程的概念、原理、技术和方法开发与维护软件。接着讲解了软件研发过程，一个软件从无到有必须经过哪些环节。最后，介绍了常用的软件开发模型。

学习单元二

软件研发单位选择

任务一 认识招投标流程

✍ 任务描述

某职业学院科研处想上线一个科研管理系统,该系统能将学校科研处相关业务从日常的手工纸质流程转化为网上信息化的方式进行处理,通过信息化的手段实现并且优化现有的科研管理流程,因该建设单位不具备自行研发软件产品的能力,请问该如何选择承建方?

✍ 核心知识

招标投标是由交易活动的发起方在一定范围内公布标的特征和部分交易条件,按照依法确定的规则和程序,对多个响应方提交的报价及方案进行评审,择优选择交易主体并确定全部交易条件的一种交易方式。

一、招标的概念

招标是指招标机构(软件委托方)发出招标通知,说明项目名称、规格、数量及其他条件,邀请投标人(软件开发公司)在规定的时间、地点按照一定的程序进行投标的行为。在中华人民共和国境内进行下列工程建设项目包括项目的勘察、设计、施工、监理以及与工程建设有关的重要设备、材料等的采购,必须进行招标:

(1)大型基础设施、公用事业等关系社会公共利益、公众安全的项目;

(2)全部或者部分使用国有资金投资或者国家融资的项目;

(3)使用国际组织或者国外政府贷款、援助资金的项目。

按照竞争开放程度分为公开招标和邀请招标两种方式。

公开招标,是指招标人以招标公告的方式邀请不特定的法人或者其他组织投标。

邀请招标,是指招标人以投标邀请书的方式邀请特定的法人或者其他组织投标。

招标人采用公开招标方式的,应当公布招标公告。依法必须进行招标的项目的招标公告，应当通过国家制定的报刊、信息网络或者其他媒介发布。

招标公告应当载明招标人的名称和地址，招标项目的性质、数量、实施地点和时间以及获取招标文件的方法等事项。

招标人采用邀请投标方式的，应当向3个以上具备承担招标项目的能力、资信良好的特定的法人或者其他组织发出投标邀请书。

二、招投标流程

一个项目完整的招投标流程如图2.1所示。

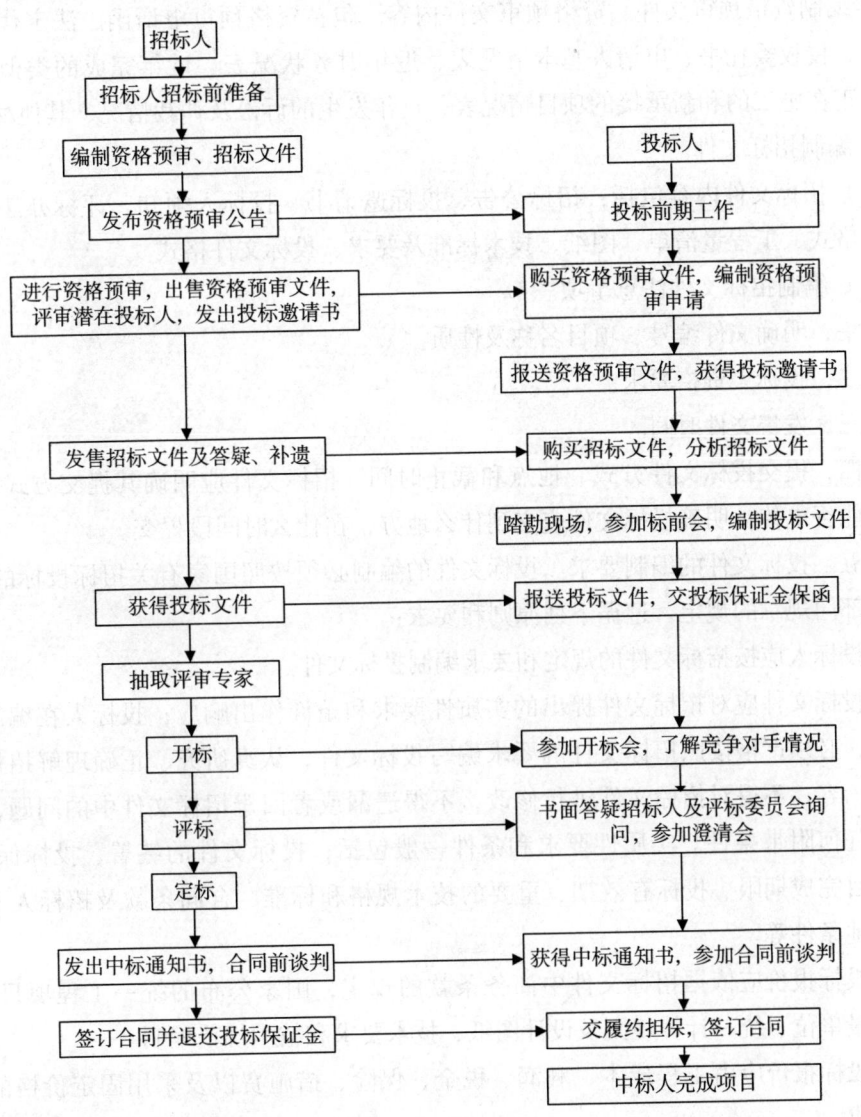

图2.1　招投标流程

（一）招标人准备工作

1. 项目立项，提交项目建议书。主要内容有：设立投资项目的必要性；拟建规模和建设地点的初步设想；资源情况、建设条件、协作关系的初步分析；投资估算和资金筹措设想，项目大体进度安排；经济效益和社会效益的初步评价；等等。

2. 编制项目预可行性研究、可行性研究报告并提交。主要内容有：国家、地方相应政策；单位的现有建设条件及建设需求；项目实施的可行性及必要性；市场发展前景；技术上的可行性；财务分析的可行性；效益分析（经济、社会、环境）；等等。

（二）编制资格预审、招标文件

1. 编制资格预审文件、资格预审文件内容。包括资格预审申请函、法定代表人身份证明、授权委托书、申请人基本情况表、近年财务状况表、近年完成的类似项目情况表、正在施工的和新承接的项目情况表、近年发生的诉讼及仲裁情况、其他材料。

2. 编制招标文件。

（1）招标文件内容包括：招标公告、投标邀请书、投标人须知、评标办法、合同条款及格式、工程量清单、图纸、技术标准及要求、投标文件格式。

（2）编制招标文件注意事项。

第一，明确文件编号、项目名称及性质。

第二，投标人资格要求。

第三，发售文件时间。

第四，提交投标文件方式、地点和截止时间。招标文件应明确其提交方式，能否邮寄，能否电传；明确投标文件应交到什么地方，在什么时间段提交。

第五，投标文件的编制要求。投标文件的编制必须按照国家有关招标投标的法律、法规和部门规章的规定，遵循下列原则和要求：

①投标人应按招标文件的规定和要求编制投标文件。

②投标文件应对招标文件提出的实质性要求和条件作出响应；投标人在编制投标文件时，必须严格按照招标文件的要求编写投标文件，认真研究、正确理解招标文件的全部内容，不得对招标文件进行修改，不得遗漏或者回避招标文件中的问题，更不能提出任何附带条件。实质性要求和条件一般包括：投标文件的签署、投标保证金、招标项目完成期限、投标有效期、重要的技术规格和标准、合同条款及招标人不能接受的其他条件等。

③投标报价应依据招标文件中商务条款的规定，国家公布的统一工程项目划分、统一计量单位、统一计算规则及设计图纸、技术要求和技术规范编制。

④投标报价应由工程成本、利润、税金、保险、措施费以及采用固定价格的风险金等构成。

⑤投标人不得以低于成本的报价竞标，也不得以他人名义投标或者以其他方式弄

虚作假，骗取中标。

第六，投标有效期。招标文件应当根据项目的情况明确投标有效期，且不宜过长或过短。如遇特殊情况，即开标后由于种种原因无法定标，执行机构和采购人必须在原投标有效期截止前要求投标人延长有效期。这种要求与答复必须是以书面的形式提交。投标人可拒绝执行机构的这种要求，其保证金不会被没收。

第七，投标文件的密封递交。

①投标人应按招标文件的要求进行投标文件的密封和递交。譬如有时执行机构要求投标人将所有的文件包括"价格文件""技术和服务文件""商务和资质证明文件"密封在一起，有时根据需要也会要求分别单独密封自行递交，可根据实际情况而定，但必须在招标文件中明确。

②投标人应保证密封完好并加盖投标人单位印章及法人代表印章，以便开标前对文件密封情况进行检查。

第八，废标。属于以下情形者作废标处理：

①投标文件送达时间已超过规定投标截止时间（公平、公正性）。

②投标文件未按要求装订、密封。

③未加盖投标人公章及法人代表、授权代表的印章，未提供法人代表授权书。

④未提交投标保证金或金额不足，投标保证金形式不符合招标文件要求及保证金汇出行与投标人开户行不一致的。

⑤投标有效期不足的。

⑥资格证明文件不全的。

⑦超出经营范围投标的。

⑧投标货物不是投标人自己生产的且未提供制造厂家的授权和证明文件的。

⑨采用联合投标时，未提供联合各方的责任义务证明文件的。

⑩不满足技术规格中主要参数和超出偏差范围的发布招标公告的等。

【例2.1】科研管理系统采购项目招标公告示例。

某职业学院科研管理系统采购项目招标公告

招标编码：GDSFGJXY-20170010

根据《中华人民共和国招投标法》以及有关的法律法规，遵循公开、公平、公正和诚实信用的原则，某职业学院就科研管理系统项目进行公开招标，欢迎有资质的单位前来投标。

一、采购项目编号：GDSFGJXY-20170010

二、采购项目名称：科研管理系统

三、采购预算：20万元

四、采购数量：1项

五、采购内容及需求：（采购项目技术规格、参数及要求，需要落实的政府采购政

策）

1. 项目简介：本项目主要是将学院科研处相关业务从日常的手工纸质流程转化为网上信息化的方式进行处理，通过信息化的手段实现并且优化现有的科研管理流程，通过本系统能够大大降低日常科研业务运行成本，提高相关人员工作效率，并能够使科研管理系统成为整个数字校园的有机整体的一部分。

2. 采购项目内容：

采购内容	最高限价（人民币/元）
科研管理系统	人民币 20 万元

注：（1）具体采购内容详见招标文件"第二部分采购项目内容"。

（2）投标人必须对项目内全部内容进行投标，不允许只对其中部分内容进行投标。

（3）投标人报价不得高于预算金额，否则将作无效投标处理。

六、供应商资格

1. 投标人应具备《政府采购法》第22条规定的条件：

（1）具有独立承担民事责任的能力（提供营业执照或事业单位法人证书，或社会团体法人登记证书，或执业许可证等证明文件）。

（2）具有良好的商业信誉和健全的财务会计制度（提供财务状况报告或提供银行出具的资信证明材料复印件）。

（3）具有履行合同所必需的设备和专业技术能力（提供履行合同所必需的设备和专业技术能力的书面声明）。

（4）有依法缴纳税收和社会保障资金的良好记录。

（5）参加政府采购活动前3年内，在经营活动中没有重大违法记录（提供书面声明）。

（6）法律、行政法规规定的其他条件。

2. 投标人必须是具有独立承担民事责任能力的在中华人民共和国境内注册的法人或其他组织，投标时提交有效的营业执照（或事业法人登记证等相关证明）副本复印件。

3. 投标人没有被列入失信被执行人名单、重大税收违法案件当事人名单、政府采购严重违法失信行为记录名单。根据信用中国网站（www.creditchina.gov.cn）或中国政府采购网（www.ccgp.gov.cn）主体信用记录信息进行查询（以采购代理机构于投标截止日当天在信用中国网站或中国政府采购网上的查询结果为准，如查询结果显示"没查到您要的信息"，视为没有上述不良信用记录，如相关失信记录已失效，投标人需提供相关证明资料）。

4. 单位负责人为同一人或者存在直接控股、管理关系的不同投标人，不得同时参加本采购项目投标；（提供书面声明，格式自拟）。

5. 为本项目提供整体设计、规范编制或者项目管理、监理、检测等服务的投标人，不得再参与本项目投标；（提供书面声明，格式自拟）。

6. 投标人已登记并获取本项目招标文件。

7. 本项目不接受联合体投标。

七、符合资格的投标人应当在 2017 年 11 月 15 日~2017 年 11 月 22 日期间（上午 8：30~12：00，下午 14：30~17：30，法定节假日除外）携带以下资料加盖公章到某职业学院（详细地址：广东省广州市天河区×××号新行政楼 103 房）现场报名并获取招标文件：

（1）企业营业执照或事业单位法人证书复印件并加盖公章；

（2）法定代表人证明书及法定代表人授权委托书。

八、投标截止时间：2017 年 12 月 6 日 14 时 30 分

九、提交投标文件地点：广东省广州市天河区×××号新行政楼 103 房

十、开标时间：2017 年 12 月 6 日 14 时 30 分

十一、开标地点：广东省广州市天河区×××号新行政楼 408 房

十二、本公告期限（5 个工作日）自 2017 年 11 月 18 日至 2017 年 11 月 22 日止。

十三、联系事项：

采购项目联系人：李老师

联系电话：020-383×××××

发布人：某职业学院

发布时间： 年 月 日

（三）发布资格预审公告

1. 编制资格预审公告内容包括：招标条件、项目概况与招标范围、资格预审、投标文件的递交、招标文件的获取、投标人资格要求等。

2. 发布媒介在工程交易中心的网站上发布招标公告。发布的媒介有《中国日报》、《中国经济导报》、《中国建设报》和《中国采购与招标网》、各省政府采购网等平台。招标公告在媒体或网站发布的有效时间为 5 个工作日。

（四）资格预审

1. 出售资格预审文件。

2. 接受投标单位资格预审申请。

3. 对潜在投标人进行资格预审。

（1）接受资格预审文件。

（2）组建资格预审委员会。由招标人组建评审小组，其中包括财务、技术方面的专门人员。

（3）评审程序。

①初步审查，对资格预审文件进行完整性、有效性及正确性的资格预审。

②详细审查，包括营业执照、企业资质等级等。财务方面：是否有足够的资金承担本工程；投标人必须有一定数量的流动资金。施工经验：是否承担过类似本工程项目，特别是具有特别要求的施工项目；近年来施工的工程数量、规模。人员：投标人所具有的工程技术和管理人员的数量、工作经验、能力是否满足本工程的要求。设备：投标人所拥有的施工设备是否能满足工程的要求。

（4）澄清。审查委员会要求申请人以书面形式对资格预审文件中的不明确的地方给予解释说明。范围：申请文件中不明确的内容进行书面澄清或说明；申请人的澄清或说明不得改变申请文件的实质性内容并作为其组成部分。

（5）方法。一般会在公告中载明评审方法，评审方法一般有合格制和有限数量制。

（6）审查报告。审查委员会完成审查后，确定通过资格预审的申请人名单，并向招标人提交书面审查报告。通过详细审查的申请人数量不足 3 个的，招标人重新组织资格预审或不再组织资格预审而采用资格后审方式直接招标。

（7）通过评审的申请人名单确定。通过评审的申请人名称，一般由招标人根据审查报告和资格评审文件确定。

4. 发出投标邀请书。

（五）发售招标文件及答疑、补遗

1. 出售招标文件。向资格审查合格的投标人出售招标文件、图纸、工程量清单等材料。自出售招标文件、图纸、工程量清单等资料之日起至停止出售之日止，为 5 个工作日。招标人应当给予投标人编制投标文件所需的合理时间，最短不得少于 20 日，一般保险起见，自招标文件发出之日起至提交投标文件截止之日止为 25 日。

2. 开标前工程项目现场勘察和标前会议。

（1）踏勘。组织各投标单位现场踏勘，不得单独或分别组织一个投标人进行现场踏勘。

（2）标前会议。所有投标人对招标文件中以及在现场踏勘的过程中存在的疑问在标前会议中进行答疑。

3. 补遗。招标人对已发出的招标文件进行必要的澄清或者修改的，应当在招标文件要求提交投标文件截止时间至少 15 日前，以书面形式通知投标人，补遗的内容为招标文件组成部分。

（六）接收投标文件

接收投标人的投标文件及投标保证金，保证投标文件的密封性。

【例2.2】科研管理系统采购项目投标函示例。

投标函

致：某职业学院

为响应你方组织的科研管理系统项目的招标 [采购项目编号为：GDSFGJXY-20170010]，我方愿参与投标。

我方确认收到贵方提供的科研管理系统货物及相关服务的招标文件的全部内容。

我方在参与投标前已详细研究了招标文件的所有内容，包括澄清、修改文件（如果有）和所有已提供的参考资料以及有关附件，我方完全明白并认为此招标文件没有倾向性，也不存在排斥潜在投标供应商的内容，我方同意招标文件的相关条款，放弃对招标文件提出误解和质疑的一切权利。

（投标供应商名称） 作为投标供应商正式授权*（授权代表全名，职务）* 代表我方全权处理有关本投标的一切事宜。

在此提交的投标文件，正本一份，副本叁份。

我方已完全明白招标文件的所有条款要求，并申明如下：

（一）按招标文件提供的全部货物与相关服务的投标总价详见《报价一览表》。

（二）本投标文件的有效期为投标截止时间起**90**天。如中标，有效期将延至合同终止日。在此提交的资格证明文件均至投标截止日有效，如有在投标有效期内失效的，我方承诺在中标后补齐一切手续，保证所有资格证明文件能从签订采购合同时直至采购合同终止日有效。

（三）我方明白并同意，在规定的开标日之后、投标有效期之内撤回投标或中标后不按规定与采购人签订合同或不提交履约保证金，则贵方将不予退还投标保证金。

（四）我方同意按照贵方可能提出的要求，提供与投标有关的任何其他数据、信息或资料。

（五）我方理解贵方不一定接受最低投标价或任何贵方可能收到的投标。

（六）我方如果中标，将保证履行招标文件及其澄清、修改文件（如果有）中的全部责任和义务，按质、按量、按期完成《用户需求书》及《合同书》中的全部任务。

（七）我方作为（制造商/代理商）是在法律、财务和运作上独立于采购人、集中采购机构的投标供应商，在此保证所提交的所有文件和全部说明是真实的和正确的。

（八）我方投标报价已包含应向知识产权所有权人支付的所有相关税费，并保证采购人在中国使用我方提供的货物时，如有第三方提出侵犯其知识产权主张的，责任由我方承担。

（九）我方与其他投标供应商不存在单位负责人为同一人的情况或者直接控股、管理的关系。

（十）我方承诺未为本项目提供整体设计、规范编制或者项目管理、监理、检测等服务。

（十一）我方具备《政府采购法》第22条规定的条件，承诺如下：

（1）我方参加本项目政府采购活动前3年内在经营活动中没有重大违法记录。

（2）我方符合法律、行政法规规定的其他条件。

以上内容如有虚假或与事实不符的，评审委员会可将我方作无效投标处理，我方愿意承担相应的法律责任。

（十二）我方对在本函及投标文件中所作的所有承诺承担法律责任。

（十三）所有与本招标有关的函件请发往下列地址：

地址：　　　　　　　　邮政编码：

电话：

传真：

代表姓名：　　　　　　职务：

投标供应商法定代表人（或法定代表人授权代表）签字或盖章：

投标供应商名称（盖章）：

日期：　　年　　月　　日

（七）抽取评标专家

在开标前两个小时内，在相应的专业专家库随机抽取评标专家，另招标人派出代表（具有中级以上相应的专业职称）参与评标。评标委员会由招标人的代表和有关技术、经济等方面的专家组成，成员人数为5人以上单数，其中技术、经济等方面的专家不得少于成员总数的三分之二。

（八）开标

1. 时间、地点。时间为招标文件中载明的时间，地点为工程交易中心。

2. 参会人员签到。招标人、投标人、公证处、监督单位、纪检部门等与会人员签到。

3. 投标文件密封性检查。开标时，由投标人或者其推选的代表检查投标文件的密封情况，也可以由招标人委托的公证机构检查并公证。

4. 主持唱标。

5. 开标过程记录，并存档备查。

（九）投标文件评审

1. 评标委员会组建。评标委员会由专家和招标人代表组成，一般由招标人代表担任委员会主任，专家在开标前由招标人在专家库抽取，且专家信息需保密。对专家有"回避原则"。

2. 评标准备。

（1）工作人员及评委准备。工作人员向评委发放招标文件和评标有关表格，评委熟悉招标项目概况、招标文件主要内容和评标办法及标准等内容并明确招标目的、项目范围和性质以及招标文件中的主要技术要求、标准和商务条款等。

（2）根据招标文件对投标文件做系统的评审和比较。

3. 初步评审。

（1）投标文件的符合性鉴定。包括：

①投标文件的有效性。

②投标文件的完整性。

③与招标文件的一致性。

（2）对投标文件的质疑，以书面方式要求投标人给予解释、澄清。

（3）废标的有关情况需与招标文件和国家有关规定相符合。

4. 详细评审。

（1）工作人员、评标辅助人员协助做好评委对各投标书评标得分的计算、复核、汇总工作。

（2）评审程序。

①技术评估的主要内容有施工方案的可行性、施工进度计划的可靠性、施工质量的保证、工程材料和机械设备供应的技能符合设计技术要求、对于投标文件中按照招标文件规定提交的建议方案作出的技术评审。

②商务评估的主要内容有审查全部报价数据计算的正确性、分析报价数据的合理性、对建议方案的商务评估。

③投标文件的澄清。评标委员会可以约见投标人对其投标文件予以澄清，以口头或书面形式提出问题，要求投标人回答，随后在规定的时间内投标人以书面形式正式答复，澄清和确认的问题必须由授权代表正式签字，并作为投标文件的组成部分。

5. 评标报告。

（1）报告内容主要有基本情况和数据表、评标委员会成员名单、开标记录、符合要求的投标一览表、废标情况说明、评标标准、评标方法或者评标因素一览表、评分比较一览表、经评审的投标人排序以及澄清说明补正事项纪要等。

（2）评标报告由评标委员会成员签字。

（3）提交书面评标报告并评标委员会解散。

6. 举荐中标候选人。评标委员会推荐的中标候选人应当限定在 1~3 人，并标明排序。中标人的投标应该符合下列条件之一：

（1）能够最大限度地满足招标文件中规定的各项综合评价标准。

（2）能够满足招标文件的实质性要求，并且经评审的投标价格最低，但是投标价格低于成本的除外。

（十）定标

对评标结果在政府采购网站进行公示，公示时间不得少于 3 个工作日。

【例2.3】科研管理系统采购项目中标公告示例。

科研管理系统（GDSFGJXY-2017100010）中标公告

某职业学院于2017年11月15日就科研管理系统采用公开招标进行采购。现就本次采购的中标（成交）结果公告如下：

一、采购项目编号：GDSFGJXY-20170010

二、采购项目名称：科研管理系统

三、采购项目预算金额（元）：20万元

四、采购方式：公开招标

五、中标供应商

中标供应商名称：广州××科技有限公司法人代表××

地址：广州市天河区天河软件园高普路××号529室

六、报价明细

主要中标、成交标的名称	规格型号	数量	单价（元）	服务要求	中标、成交金额（元）
科研管理系统	/	/	/	按招标文件要求	￥180 000.00

七、评审时间：2017年12月6日

评审地点：广东省广州市天河区×××号新行政楼408房

评审委员会：

负责人：梁×

成员：陈××、杨××、刘××、邹××、刘××、吴××

八、评审意见

综合评分法排序表

序号	投标人名称	是否通过资格及符合性审查	技术得分	商务得分	价格得分	综合得分	排名
1	××科技有限公司	是	59.50	24.00	9.38	92.88	1
2	联×科技有限公司	是	54.40	21.00	9.44	84.84	2
3	新××科技有限公司	是	45.00	14.50	9.64	69.14	3
4	奥×科技有限公司	是	42.40	7.00	9.30	58.70	4

九、本公告期限为 5 个工作日。

十、联系事项：

采购项目联系人：李老师

联系电话：020-383××××

各有关当事人对中标、成交结果有异议的，可以在中标、成交公告发布之日起 7 个工作日内以书面形式向（政府采购代理机构）（或采购人）提出质疑，逾期将依法不予受理。

发布人：某职业学院

发布时间： 年 月 日

（十一）发出中标通知书

中标人确定后，招标人应当向中标人发出中标通知书，并同时将中标结果通知所有未中标的投标人。

中标通知书对招标人和中标人具有法律效力。中标通知书发出后，招标人改变中标结果或者中标人放弃中标项目的，应当依法承担法律责任。

1. 发出中标通知书。

2. 谈判准备。

（1）谈判人员的组成。

（2）注重相关项目的资料收集工作。

（3）对谈判主体及其情况的具体分析。明确谈判的内容，对于合同中既定的，没有争议、歧义、漏洞和有关缺陷的条款任何一方没有讨价还价的余地。

（4）拟订谈判方案。

（十二）签约前合同谈判及签约

1. 签约前合同谈判。在约定地点进行谈判，谈判过程中要争取主动权，不要过于保守或激进，注意肢体语言和语音、语调，正确驾驭谈判议程，站在对方的角度讲问题，贯彻平等互利原则。

2. 签约。招标人与中标人在中标通知书发出之日起 30 个工作日之内，按照招标文件和中标人的投标文件订立书面合同，招标人和中标人不得再行订立背离合同实质性内容的其他协议。

招标文件要求中标人提交履约保证金，中标人应当提交。

（十三）退还投标保证金

招标人与中标人签订合同后 5 个工作日内，应当向中标和未中标的投标人退还投标保证金。

（十四）中标人完成项目

中标人按照合同约定或者经招标人同意，可以将中标项目的部分非主体、非关键性工作分包给他人完成。接受分包的人应当具备相应的资格条件，并不得再次分包。

中标人应当就分包项目向招标人负责，接受分包的人就分包项目承担连带责任。

任务二　制作可行性研究报告

任务描述

某职业学院科研处欲上线一个科研管理系统，该系统能将学校科研处相关业务从日常的手工纸质流程转化为网上信息化的方式进行处理，通过信息化的手段实现并且优化现有的科研管理流程。因该建设单位不具备自行研发软件产品的能力，现已发布招标公告，若你所在的单位具备资质，该如何确定是否投标？

核心知识

投标人在接到招标文件后应对项目需求进行分析，评估其可行性，判断项目是否可行，如果可行性研究的结果是可行，则需要制作投标书参与竞标争取开标权。

一、可行性研究

（一）可行性研究的目的和任务

在软件项目开发过程中，只要不对资源和时间加以限制，所有的项目基本上都能成功开发。但是在现实中，项目往往会受到各种资源的限制，为此就需要进行可行性分析。

可行性分析是项目开发之前的重要验证阶段。可行性研究的目的是用极少的代价在最短的时间内确定被开发的软件能否开发成功，以避免盲目投资带来的巨大损失。可行性研究的目的不是解决问题，而是确定问题是否值得解决。

可行性研究的任务是从技术、经济、应用以及法律等方面分析应解决的问题是否有可行的解，从而确定该软件系统是否值得开发。可行性研究最根本的任务是对以后的行动方针提出建议，当问题没有可行的解时，应该建议停止项目的开发，以避免浪费时间、资源和人力物力。可行性的结论一般有四种：其一，可行，值得解；其二，需要推迟某些条件落实之后才能进行；其三，需要对开发目标进行某些修改之后才能开始；其四，不能进行或不必进行。当问题值得解时，应该推荐一个最优的解决方案，并且制定初步的项目计划。

（二）可行性研究的要素

一般来说，可行性研究主要包括经济可行性、技术可行性、管理上的可行性、法律可行性和运行可行性等几个方面。

（1）经济可行性：进行开发成本估算以及可能取得的经济效益评估，确定待开发系统是否值得投资开发。只有开发系统的总成本小于总收益的软件开发项目才值得立项。

（2）技术可行性：评估技术上的可行性，研究并判断新的系统在当前技术条件下能否实现或某种新技术能否获得。主要分析技术解决方案的实用性如何，硬、软件能否满足开发者的需要，等等。研究内容一般包括风险分析、资源分析和技术分析。

（3）社会可行性：社会的可行性分析从政策、法律和制度等因素考虑项目开发的合理性和意义。法律可行性主要研究在系统的研发过程中涉及的合同、版权以及配套设施是否存在侵权行为。

（4）操作性：系统面向的用户群体是否能快速适应操作。

（三）可行性研究的过程

典型的可行性研究步骤如图 2.2 所示。

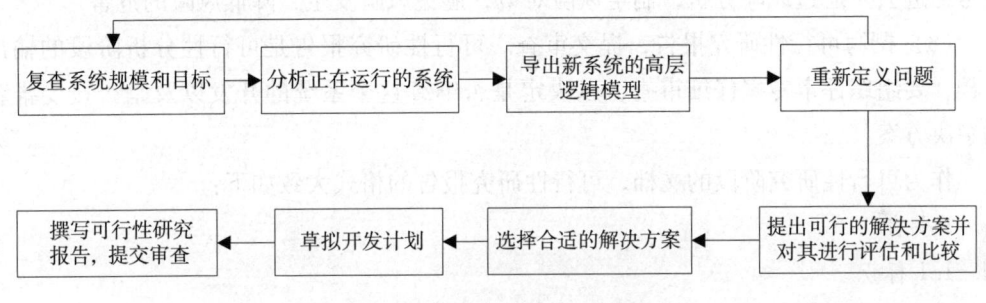

图 2.2　可行性研究的步骤

（1）复查系统规模和目标。分析员阅读招标文件和分析相关资料，并对用户和市场进行调查，确认系统的规模和目标，消除有歧义和易错误理解的描述，确保需要解决的问题和各种可以利用的资源情况。

（2）分析正在运行的系统。对现有的系统进行研究，包括阅读和分析各种文档，观察系统的运行状况并实际参与系统操作，收集和分析用户对现有系统的意见和建议，总结现有系统的优缺点，等等。

（3）导出新系统的高层逻辑模型。在现有系统的物理模型的基础上，设计新系统的高层逻辑模型，新系统应该包含现有系统的功能，并且改善现有系统的不足和缺陷。

（4）重新定义问题。新系统的逻辑模型实质上表述了分析员对新系统必须做什么的看法，但是，其与用户是否达成一致？这就需要分析员和用户一起再次复查问题定义、项目的规模和项目的目标等问题，对问题进行再次的确认。

（5）提出可行的解决方案并对其进行评估和比较。基于新系统的高层逻辑模型，系统分析员可以从技术的角度提出多种解决方案，并从经济、社会和法律等多方面去对各种解决方案进行比较和评估。

（6）选择合适的解决方案。在上述研究的基础上，分析员根据可行性研究的结果做出决定：是否继续开发新系统。同时从上述的多个解决方案中为项目的研发选择一种最合适、最可行的解决方案，列举选择该方案的原因，从经济可行性、社会可行性和技术可行性三个方面对该方案进行可行性分析。

（7）草拟开发计划。分析员为推荐的解决方案草拟开发计划，包括项目进度计划、人力资源计划、成本估算等，为项目的后期开展奠定基础，使其有章可循。大致可以从以下几个方面进行：

①任务分解。确定负责人，这个项目能分解成的小项目数量，由几个小组来管理，明确各个小组的负责人。

②进度规划。给出每个时间段应该完成工作的大致进度规划。

③财务预算。

④风险分析及对策。风险包括技术风险、市场风险、政策风险等，每种风险都应该考虑进去。通过风险分析，制定风险对策，避免风险发生，降低风险的危害。

（8）撰写可行性研究报告，提交审查。可行性研究报告是可行性分析阶段的输出文档，要组织评审专家仔细审查，以决定是否继续这个系统的开发以及是否接受推荐的解决方案。

作为可行性研究阶段的文档，可行性研究报告的格式大致如下：

1 引言

1.1 标识

本条应包含本文档适用的系统和软件的完整标识，（若适用）包括标识号、标题、缩略词语、版本号和发行号。

1.2 背景

说明项目在什么情况下被提出，提出者的要求、目标、实现环境和限制条件。

1.3 项目概述

本条应简述本文档适用的项目和软件用途，应描述项目和软件的一般特性；概述项目开发、运行和维护的历史；标识项目的投资方、需方、用户、开发方和支持机构；标识当前和计划的运行现场；列出其他有关的文档。

1.4 文档概述

本条应概述本文档的用途和内容，并描述与其使用有关的保密性和私密性的要求。

2 引用文件

本章应列出本文档引用的所有文档编号、标题、修订版本和日期，本章也应标识出不能通过正常的供货渠道获得的所有文档的来源。

3 可行性研究的前提

3.1 项目的要求

3.2 项目的目标

3.3 项目的环境、条件、假定和限制

3.4 运行可行性研究的方法

4 可选的方案

4.1 原有方案的优缺点、局限性和存在的问题

4.2 可重用的系统，与要求之间的差距

4.3 可选择的系统方案1

4.4 可选择的系统方案2

4.5 选择最终系统方案的准则

5 所建议的系统

5.1 对所建议的系统的说明

5.2 数据流程和处理流程

5.3 与原系统的比较（若有原系统）

5.4 影响（或要求）

5.4.1 设备

5.4.2 软件

5.4.3 运行

5.4.4 开发

5.4.5 环境

5.4.6 经费

5.5 局限性

6 经济可行性（成本—效益分析）

6.1 投资

包括基本建设投资（如开发环境、设备、软件和资料等），其他一次性和非一次性投资（如培训费、管理费、人员工资、奖金和差旅费等）。

6.2 预期的经济效益

6.2.1 一次性收益

6.2.2 非一次性收益

6.2.3 不可定量的收益

6.2.4 收益/投资比

6.2.5 投资回收周期

6.3 市场预测

7 技术可行性（技术风险评价）

本单位现有资源（人力、物力、设备、环境和技术条件等）能否满足此软件项目的实施要求，包括在限制条件下，功能目的是否达到，若不能满足，应考虑补救措施（如需要承包方参与，增加人员、投资和增设设备等），涉及经济问题应进行投资、成本和效益可行性分析，最后确定此软件项目是否具备技术可行性。

8 法律可行性

系统开发可能导致的侵权、违法和责任。

9 用户使用的可行性

用户单位的行政管理和日常工作制度，使用人员自身的素质、信息化应用水平及培训要求。

10 其他与项目有关的问题

未来可能的变化或挑战。

11 结论意见

可着手组织开发

需等待若干条件具备后才能开发

需对开发目标进行某些修改

不能进行或不必进行

其他

12 注释

本章应包含有助于本文档的一般信息，包括理解本文档需要的术语和定义、所有缩略词语和他们在文档中的含义的字母序列表。

附录

附录用于提供那些为便于文档维护而单独出版的信息（例如图表、分析数据）。为便于处理附录可单独装订成册。附录应按字母顺序（A、B、C 等）排版。

任务三　制作投标标书

任务描述

在完成任务二后，单位确定可参与投标，各参标单位该如何制作标书进行投标？

核心知识

投标是与招标相对应的活动，它是指投标人应招标人的邀请或投标人已满足招标人最低资质要求，在规定的期限内，按照招标的要求和条件，向招标人主动递交申请，参加竞标，争取中标的行为。

一、标书的结构

一般标书的结构为：商务部分、技术部分、报价部分（但招标文件要求特殊格式除外）等。

（一）商务部分

一般包括投标人说明、厂家介绍、业绩、合同、产品授权书、法人授权书、三证、资格证书、交货期、付款方式、售后服务、承诺书、商务偏离表、商务应答、备品备件专用工具清单等，要严格按照标书内容及顺序要求编写。

（1）公司简介及资质。简要介绍公司的情况，包括公司的规模、企业文化、主要产品、销售业绩等。并且提供公司的资质证明材料说明公司的资质情况，包括企业人员的素质、厂家授权书、技术及管理水平、工程设备、近 3 年资金及效益情况和业绩等。

（2）成功案例。概要说明本公司的大型项目，特别是与客户业务相关的项目的成功案例，包括立项合同、软件界面、验收合同等书面证明，展示本公司行业的经验和实力。

（二）技术部分

技术部分提供当前项目的解决方案。包括投标设备技术说明、图纸设计、技术参数、产品配置、技术规格偏离表、技术力量简介、安装施工方案、产品质量、产品简介、产品彩页等，要严格按照标书内容及顺序要求编写。

关于技术偏离表，其内容如下：

（1）偏离说明：正偏离、负偏离、无偏离。

（2）投标产品的技术指标优于招标要求即为正偏离，反之为负偏离，符合招标要求即为无偏离。

（3）要完全响应或者超越其要求，绝对不能填写满足不了的参数，一定要让参数相对应，不可串行。

（4）多写正偏离，换种语言文字描述，写明投标产品的技术参数特点、产品优势。

（5）正偏离描述要加粗或用其他醒目符号（★▲）标明。

（三）报价部分

在评标的过程中，一般需要综合商务部分得分、技术部分得分以及报价部分得分三者的权值算出总得分。因此报价非常重要，根据评标的标准制定合理的报价，能大大增加中标的可能性。如果是最低价中标，即为投标最终报价最低的投标单位优先中标。报价不能高于客户的最高限价，也不能低于成本价。

二、标书制作流程

标书制作的成功与否，直接关系到中标率。如果做得不好，不满足招标文件中的要求，就会被评为废标。标书的制作过程是比较繁琐复杂的，各项要求又容易产生遗漏，是最复杂的一个环节。制作标书时的具体步骤和各环节的注意事项大致如下：

（一）购买标书，并阅读分析标书

技术人员和商务人员分工，认真阅读招标文件2~3遍，对招标文件个别条款不明确的，应及时与招标机构沟通，标示出重点部分及必须提供的材料，最好建立一个备忘表（有些材料必须得提供，否则会导致废标）。

思考以下问题：

（1）招标人是哪个单位？

（2）哪些是控标点？

（3）报价有哪些要求？

（4）哪些材料需要及时处理？

（5）是哪种品牌的标的？

（6）是否需要寻求合作伙伴？

（7）我们的竞争对手有哪些？

（8）是否需要厂家授权？

（9）哪些要求我司达不到？

（10）装订密封、份数要求是什么？

（11）业绩要求（合同）、财务报表的要求是什么？

....

（二）制作标书

一般标书的结构为：商务部分，技术部分，报价部分（但招标文件要求特殊格式的除外）。

1. 商务部分：

要严格按照标书内容及顺序要求编写。

（1）成功案例要将主要业绩（案例图片）放在突出位置。

（2）资质文件，要检查其有效性，避免放错文件或者放入过期文件。

（3）厂家授权，先扫描后原件寄送投标单位，注意快递时间。

（4）业绩合同，注意合同金额、时间是否要体现，原则上体现高价。

2. 技术部分：

（1）抓重点、抓典型，有针对性地介绍，并根据招标要求确定是否要提供产品彩页、截图界面。

（2）优点和长处一定要表述清楚并放到突出位置，一般情况下，放在技术部分的前部，以提升产品形象。

（3）审核产品技术参数、技术性能的表述是否满足招标方的技术要求。

（4）审核技术差异表的编排内容是否合理准确，有无遗漏或者多余。

（5）审核技术部分编排顺序是否符合招标方的要求及其是否合理。

（6）审核有无多余或者不足的文件需要剔除或补充。

关于技术偏离表，多写正偏离，换种语言文字描述，写明投标产品的技术参数特点、产品优势，正偏离描述要加粗或用其他醒目符号（★▲）标明。

3. 报价部分：

（1）一定要有：报价一览表（总价）、分项报价表。

（2）报价表中设备名称、品牌、型号、数量、参数等是否与招投标文件一致。

（3）大小写是否正确、数目是否相符。

（4）注意报价表中货币单位前后一致，是否符合招标文件要求。

（5）格式一定要和招标方要求的格式一样。

（三）标书目录编排

目录尽量做到详细明了，便于评标者迅速查找关键点，若要提交电子版的投标文件，需设置好目录索引。

（1）日期：一般为从购买标书日起至投标当日，不使用其他日期。

（2）每一级标题之后需落款，包括投标单位、投标代表、日期（根据招标文件和排版美观而定）。

（3）需要投标代表签字和法人代表签字的，不能用印刷体。

（4）对于是扫描文件的，需插入"与原件一致"字样。

（5）对于有手写处、投标单位名称、"与原件一致"需盖公章。

（6）有盖章的扫描件图片需设置为灰白。

（7）在制作标书过程中要时刻保存，文件命名清楚明了。

（四）标书交叉检查

（1）在标书电子版制作完成后，让参与人员进行交叉检查，对错误的地方进行指正修改，并通报各个组员以防该错误重复出现。

（2）正本制作。正副本内容一致，正本是整个招标的依据，所以要审慎再三，方可打印。

（3）字体、格式是否统一。

（4）审查报价产品明细是否符合招标产品需求，明细（包括产品型号和数量）、分项（分包）报价是否符合和正确。

（5）审查报价表中的分报价和总报价的计算、大小写是否正确，报价表、投标一览表、投标函中的报价大小写是否一致，进行仔细核对和校对。

（6）审查开标文件书写格式是否与招标方的要求一致。

（7）互审过的文档要重命名，例如＊＊11，＊＊22，＊＊最终。

（8）各个文档要详细命名，并存放清楚。

（五）标书打印和装订

（1）打印标书，按招标文件要求打印标书正本、副本、封面、封条，报价一般在公司打印即可。

（2）需检查排版是否有错乱，确认后才可打印。

（3）错误的纸质文档应带回公司作废处理。

（4）按照招标文件要求和实际情况，进行打孔装订或胶装。

（六）标书签字和盖章

（1）需签字处：含授权书法人代表、投标代表签字。

（2）需盖章处：骑缝章、封面、封条、报价表、投标单位名称、"与原件一致"、签字处。

（3）根据招标文件要求盖章。

（4）公章需盖正清晰，若一个不明显，需重新再盖一个，且两个不能重叠在一起。

（5）在密封条上盖章尽量一半在密封条上一半在密封袋上。

（七）标书文件密封

（1）按招标文件要求将正本、副本、报价文件单独密封，文件进行单独封装，在文件袋封面和"于＊＊＊时之前不得启封"处等加盖公章。

（2）若需要提交电子文档，将其和正本一起封装。

（3）有条件的话可以单独制作一个投标专用箱将所有文件装在一起，既方便又美观。

（4）封口：在未得到项目负责人或投标代表同意的前提下，投标文件封口不得密封。应贴好双面胶及盖好骑缝章后预留封口，由投标代表整理后自行密封。

任务四　实验实训

假设你所在的单位提出要新上线一个 OA 系统（办公自动化系统），请按照招标公告的格式拟定一个招标公告。

小结

本章主要从招投标的流程来介绍软件研发单位的选择，包括招标、投标和中标等环节。投标人获取招标文件后，需要结合自身的条件，对项目进行可行性研究，确定是否进行投标。可行性研究应从技术可行性、经济可行性和社会可行性等方面去研究项目是否值得开发。最后介绍了投标标书的制作。

软件项目需求分析

任务一　掌握需求分析概述

任务描述

作为一个需求分析人员，你将从哪些方面描述科研管理系统的需求？

核心知识

在确定了开发软件项目之后，研发单位要想成功地研发出让用户满意的软件，必须清晰准确地确定软件要实现什么功能，有什么需求，也就是要准确地回答"软件做什么，不做什么"的问题。如果没有确定就盲目行动，最终研发出来的系统并不满足用户的需求，软件项目就以失败告终。经验表明，失败的软件项目中45%是由于项目在需求分析过程出现问题而导致的。因此，软件需求分析作为软件生命周期的第一个阶段，直接影响到整个软件生命周期。

一、需求分析的定义

Beohm 对软件需求分析的定义：研究一种无二义性的表达工具，它能为用户和软件开发人员双方都接受并将"需求"严格地、形式地表达出来。

需求分析就是开发人员对要解决的问题经过深入细致的调研和分析，准确理解用户和软件项目的功能、性能、可靠性等方面的具体要求，包括需要输入什么数据，要得到什么结果，最后应输出什么，将用户非形式的需求表述转化为完整的需求定义，从而确定"系统必须做什么"的过程。只有在确定了需求后才能分析和寻求新系统的解决方法。

二、需求分析的重要性

如果一个项目投入大量的人力、物力、财力、时间，开发出的软件却没人要，不符合用户的需求,那么所有的投入都是徒劳的,项目是失败的,从而要求重新开发,这种返工让人痛心疾首。只有通过软件需求分析,才能把软件功能和性能的总体概念描述为具体的软件需求规格说明,从而奠定软件开发的基础。许多大型应用系统的失败,最后均归结到需求分析的失败:要么获取需求的方法不当,使得需求分析不到位或不彻底,导致开发者反复多次地进行需求分析,致使设计、编码、测试无法顺利进行;要么客户配合不好,导致客户对需求不确认,或客户需求不断变化,同样致使设计、编码、测试无法顺利进行。因此,需求分析在软件工程中显得非常重要。

需求分析的目的就是对经过可行性分析所确定的系统目标和功能做进一步的详细论述,以确定系统是"做什么"的。在这一阶段要求开发人员准确地理解用户需要什么,进行细致的调查分析,将用户的需求陈述转化为完整的需求定义,再由需求定义转化为相应的软件需求规格说明书。

需求分析是系统分析和软件设计阶段之间的桥梁。一方面,需求分析以系统规格说明和系统规划作为分析活动的出发点,并从软件角度对他们进行检查和调整;另一方面,需求规格说明又是软件设计、实现、测试甚至维护的主要基础。良好的需求分析活动有助于避免与尽早剔除早期错误,从而提高软件的开发效率和质量,降低开发成本,缩短开发周期。

需求分析是一项重要的工作,也是最困难的工作。该阶段工作有以下特点:

(1)用户与开发人员很难进行交流。在软件生存周期中,其他四个阶段都是面向软件技术问题的,只有本阶段是面向用户的。需求分析是对用户的业务活动进行分析,明确在用户的业务环境中软件系统应该"做什么"。但是在开始时,开发人员和用户双方都不能准确地提出系统要"做什么"。因为软件开发人员不是用户问题领域的专家,不熟悉用户的业务活动和业务环境,又不可能在短期内搞清楚;而用户不熟悉计算机应用的有关问题。由于双方互相不了解对方的工作,又缺乏共同语言,所以在交流时存在着隔阂。

(2)用户的需求是动态变化的。对于一个大型而复杂的软件系统,用户很难精确完整地提出它的功能和性能要求。一开始只能提出一个大概、模糊的功能,只有经过长时间的反复认识才能逐步明确。有时进入到设计、编程阶段才能明确,更有甚者,到开发后期还在提新的要求,这无疑给软件开发带来困难。

(3)系统变更的代价呈非线性增长。需求分析是软件开发的基础。假定在该阶段发现一个错误,解决它需要用一小时的时间,到设计、编程、测试和维护阶段解决,则要花2.5、5、25、100倍的时间。因此,对于大型复杂系统而言,首先要进行可行性研究。开发人员对用户的要求及现实环境进行调查、了解,从技术、经济和社会因素三个方面进行研究并论证该软件项目的可行性,根据可行性研究的结果,决定项目的取舍。

三、需求分析的主要任务

需求分析的主要任务是，定义软件的范围及必须满足的约束条件；确定软件的功能和性能及其他系统成分的接口，建立数据模型、功能模型和行为模型；最终提供需求规格说明，并用作评估软件质量的依据。

因此，软件需求分析的基本任务有以下几个方面：

1. 确定系统的综合要求。

（1）确定系统功能要求。这是最主要的需求，即确定系统必须完成的所有功能。

（2）确定系统性能要求。系统性能根据系统应用领域的具体需求确定，如可靠性、联机系统的响应时间、存储容量、吞吐率、安全性能，以及操作简便、界面美观等。

（3）确定系统运行要求。主要是对系统运行时的环境要求，如硬件平台、软件平台、数据库管理系统、外存和数据、网络环境、通信接口等。

（4）将来可能提出的要求。对将来可能提出的系统扩充及修改的要求预先做准备。在设计开发目标系统的同时，尽可能考虑到系统的扩展和修改，以免造成被动的局面。

（5）可靠性和可用性需求。定量指定了系统的可靠性，量化用户使用系统的程度。

（6）出错处理需求。该类需求说明系统对环境错误怎样响应。

（7）用户界面要求。软件用户界面的友好性是用户能够快速上手、乐于使用的保证，软件系统具有较好的友好性可以增强其竞争力。

（8）其他要求。包括安全保密、可维护性、可移植性、可扩展性等。

2. 分析系统的数据要求。软件系统本质上是信息处理系统，通过对数据分析可以了解数据在系统中的流转情况，了解系统"做什么"的问题。

数据要求主要指系统分析师根据用户的信息流，抽象、归纳出系统所要求的数据定义、数据逻辑关系、输入/输出数据的定义、数据采集方式等。

通常采用概念模型的方法来分析系统的数据需求；利用数据字典并辅以图形工具来描绘数据结构；使用数据结构规范化技术，使得软件系统有利于存储系统信息。

3. 导出新系统的逻辑模型。分析员根据前面获得的需求资料，进一步细化软件功能，将其划分成各个子功能。最后要以图形（数据流图、实体联系图、状态转换图）和主要处理算法，描述新系统的逻辑模型。

4. 编写文档。编写文档即编写与需求相关的文档，描述需求的文档称为软件需求规格说明书，《需求规格说明书》是需求分析阶段的产物，经过评审后，提交到下一阶段。

在需求分析阶段，主要有下列文档需要编写。

（1）编写《需求规格说明书》，把双方共同的理解与分析结果用规范的方式描述出来，作为今后各项工作的基础。

（2）编写初步《用户手册》，着重反映被开发软件的用户功能界面和用户使用的具体要求,《用户手册》能让研发人员和分析人员站在用户的角度去考虑和设计软件。

（3）编写确认测试计划，作为后期系统确认和验收的依据。

5. 修正系统的开发计划。通过需求分析对系统更深入具体的理解，可以对系统的成本及进度有更精确的估算，以便进一步修改开发计划，最大限度地减小软件开发的风险。

四、软件需求的内容

从软件开发的角度考虑，软件系统的需求分为用户需求和系统需求两类。如图 3.1 所示，软件需求分析阶段的主要任务就是要将客户等提出的用户需求转换为系统需求。

用户需求（User Requirement）是从用户的角度描述系统的功能和非功能需求，包括由组织机构或客户对系统、产品提出的高层次的业务需求（Business Requirement），或是由用户管理员等用自然语言描述的用户使用软件产品必须完成的任务。用户需求通常只描述系统的外部行为，而不涉及系统内部的特性。由于自然语言易具有二义性，因此用户所提出的需求往往是较模糊的。

系统需求则需要详细地给出系统将要提供的服务以及系统所受到的约束，对系统需求文档的描述应该是准确的。系统需求分为功能需求、非功能需求和领域需求。

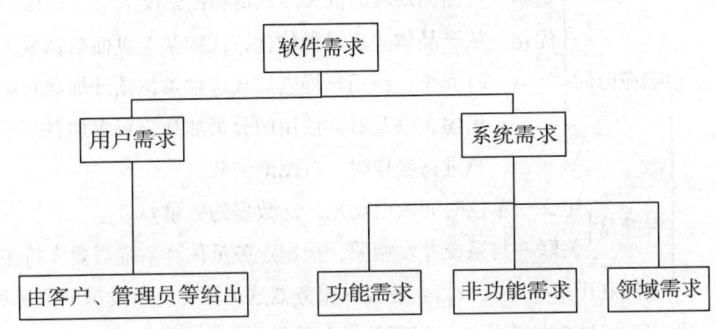

图 3.1 软件系统需求

（一）功能需求

功能需求是对系统应该提供的服务功能以及系统在特定条件下的行为的描述，它与软件系统的类型、使用系统的用户等相关，有时需要详细描述系统的功能、输入/输出异常等，有时还需要声明系统不应该做什么。

例如，某大学图书馆管理系统，除了一般的图书管理功能外，还能够为学生和教工从其他图书馆借阅图书和文献资料提供服务。因此系统应该具备以下功能。

1. 基本数据维护功能。提供使用者输入修改，并设有服务基本数据的途径，基本数据包括读者的信息及图书资料的相关信息。可以对这些信息进行修改和更新。

2. 基本业务功能，读者借还书籍的登记管理功能，随时根据读者借还书籍的情况更新数据库系统，如果书籍已经借出，可以进行预留操作以及数据的编目、入库、更新等操作。

3. 数据库管理功能，对所有图书信息及读者信息进行统一维护，对书籍的借还进行登记，以便协调整个图书管理工作的运行。

4. 信息查询功能。提供对各类信息的查询功能使用户可以对图书馆的用户借书信息、还书信息、书籍源信息、预留信息等进行查询，也可以对其他图书的书籍、资料源信息等进行查询。

（二）非功能性需求

非功能性需求是指软件产品为满足用户业务需求而必须具有且除功能需求以外的特性。

非功能需求主要反映用户提出的对系统的约束，它与系统的总体特性有关，如可靠性、反应时间、存储空间等。非功能性需求的好坏影响着产品是否能够持续稳定并高效地提供服务。

非功能性需求与系统开发过程有关。图 3.2 描述了通常情况下非功能需求的类别。

```
                      ┌ 基本—页面间跳转时间≤3s，精确搜索反馈结果≤1s
                      │ 优化—从产品体验出发做优化，比如某个页面数据量大，导致加载
              响应时间 ┤        时间长，给用户提供加载进度条，预计加载时间，减少用户
                      │        焦虑，以及日常使用的分页加载，每次加载部分数据，当用
      性能要求 ┤              └ 户进行操作时，再逐渐加载。
              │       ┌ 定义—单位时间内成功地传送数据的数量。
              │ 吞吐量 ┤
              │       └ 关联—与系统并发相关，根据业务量估算系统需要支持多少并发。
              └ 资源利用率—定义—指企业投入服务器这类资源，所发挥的资源利用百分比。
常见类别 ┤
              ┌ 保密性—数据加密保护，保证数据在采集、传输、处理过程中不被偷窥、
              │         窃取、篡改。
              │ 防泄漏—通过对文档运用读写控制、打印控制、剪切板控制、拖拽、拷屏/
      安全性 ┤           截屏控制、内存窃取控制等技术，防止泄露机密数据。
              │ 权限控制—根据用户权限控制访问数据进行操作记录。
              └ 防攻击—IP 限制、高频访问限制。
```

模块性—当某类业务流程变动多时将系统功能模块化，支持灵活
　　　配置，有利于减少重复开发量。

可复用性—类似组件应该统一设计，在需要用到的地方可进行微调
　　　然后调用。

可维护性与可扩展性

易分析性—易诊断缺陷或失败原因，如日志记录系统，可追踪
　　　系统的历史使用情况。

易恢复性—在发生故障后，重建其性能水平并恢复直接受影响数据的能力。
　　　如发布新版本，需要做好回滚方案，以备异常紧急处理。文件
　　　误删除可进行恢复。

可靠性

容错性—在系统出错时，不影响用户的行为操作与数据，比如：掉网，数据
　　　的录入做好本地保存，在网络恢复后，自动上传保存。

成熟性—系统故障率需要保持在一定的水平下。

易学习性

易操作性

易用性

用户错误防御机制

用户界面美观

图 3.2　非功能需求常见类别

（三）领域需求

领域需求是由软件系统的应用领域所决定的特有的功能需求，或是对已有功能的约束。如果这些需求不能得到满足，将影响系统的正常运行。

任务二　熟悉需求获取技术

任务描述

作为需求分析员，你可以通过哪些途径获取科研管理系统的需求？

核心知识

需求获取是需求分析阶段的首要任务，也是需求分析的第一个环节。如果没有需求获取，就谈不上分析与建模，更谈不上需求管理。因此，作为需求分析员应尽可能通过多渠道获得准确无误的系统需求。

需求分析人员经常使用多种技术来获取需求信息。包括面谈和问卷调查、小组讨论、情景串联、参与和观察业务流程、分析现有的同类软件产品的相关资料以及快速建立软件原型等。

一、面谈和问卷调查

面谈是获取需求最有效的方式之一，面谈分为两种基本形式：正式的面谈（事先准备好的）、非正式的面谈（开放的、头脑风暴的）。面谈需要准备的内容是面谈的对象和面谈的问题。

1. 面谈的对象主要是与系统相关的涉众，并具有代表性，保证涵盖到每一个角色。可以从以下几个方面来获取涉众：

（1）谁为系统付费，购买系统？

（2）谁使用系统？

（3）谁会受到系统结果的影响，谁来监管该系统？

（4）谁来维护系统？

2. 面谈的问题可从以下几个方面进行设计：

（1）确定面谈对象的背景，如姓名、年龄、职称、计算机水平、目前工作范围。

（2）目前遇到哪些问题，这些问题对工作和生活产生哪些影响？

（3）分析问题：问题产生的原因？在什么情况下会有该问题？目前的解决方案是什么，效果如何？客户期待的解决方案是？

（4）非功能性需求：性能、稳定性方面的需求。

（5）对当前的访谈结果的认同，确认后期有问题可继续探讨。

（6）其他方面的问题。

3. 调查问卷是对面谈法的补充，调查问卷的问题和答案具有一定的引导性，在某种程度上会影响结果。调查问卷是通过向被调查人员发放和回收调查表，分析员统计并分析调查表中发现的新问题与新需求。这种方法适合于开发方和用户方都清楚项目需求的情况。

【例 3.1】某高校制作的科研管理系统调查表如表 3.1 所示。

表 3.1　科研管理系统调查表

部门		姓名		您以前参加过的培训：
岗位		填表日期		
1. 请列举一个科研部门在管理上最需要解决的问题，并阐述理由。				
2. 请列举一个科研部门与其他部门配合工作中存在的最重要的问题，并阐述理由。				
3. 目前你获取校园讲座报告的途径有什么？最希望是哪种方式？				

续表

4. 在科研项目申报和管理中，你遇到哪些问题？是怎么解决的？
5. 列出学院在职称评审过程中急需解决的问题是什么？
6. 在学院期刊发表论文提交论文的渠道是什么？如何收到专家评审建议的？

二、小组讨论

小组讨论是指将与项目某个问题相关的人员聚集在一起开会讨论。优势：容易在内部取得对方案的认同，有利于项目的开展；在讨论会上每个相关人员都可发表自己的意见，保证了获取信息的全面性。缺点：不容易把握。

三、场景分析

在对客户进行访谈的过程中，使用情景分析往往是非常有效的。所谓情景分析就是对客户运用目标系统解决某个具体问题的方法和结果进行分析。例如，目标系统是一个制订学习计划的软件，当给出某个学生的年龄、性别、知识结构、长处、短处、发展方向以及其他数据时，就出现了一个可能的情景描述。分析员根据自己对目标系统功能的理解，给出适合该学生的学习计划。公司的特教专家可能指出，哪些学习计划对于有特殊身体条件的学生（例如，色盲、晕血）是不适合的。这样就使分析员认识到，目标系统在制订学习计划之前还应考虑学生的特殊身体条件。因此，分析员使用场景分析技术，通常能得到客户的具体需求。

四、参与和观察客户的工作流程

客户在描述业务流程时可能会遗漏重要的信息，需求分析人员可参与到他们的具体工作中，观察、体验业务操作过程。需求分析员在观察业务操作过程时，可根据实际的情况提问并详细记录，记录业务操作过程以及碰到的难题，获取真实的材料和理解整个业务流程。

五、分析现有的同类软件产品的相关资料

阅读并分析现有的产品文档有利于了解当前系统情况，更深层次地理解目标系统的业务流程，对客户反映的系统问题有更深层次的理解。

六、快速原型法

快速原型法就是尽可能快地建造一个粗糙的系统，这个系统实现了目标系统的某些或全部功能，但是这个系统可能在可靠性、界面的友好性或其他方向上存在缺陷。建造这样一个系统的目的是考察某一方面的可行性，如算法的可行性，技术的可行性，或考察是否满足用户的需求等。原型是在最终系统产生之前的一个局部真实表现，可以让人们能够对一些具体问题进行更有效的沟通，从而尽早解决软件开发过程中存在的各种不确定性。

任务三　了解需求分析方法与建模技术

📝 任务描述

科研管理系统包括课题、项目人、部门三个实体。其中，课题的属性有课题名、课题编号、课题类型、课题级别、课题状态、课题经费；项目人的属性有姓名、年龄、性别、证件号、职称；部门的属性有名称、编号。请绘制课题、项目人、部门三个实体的 E-R 图。

📝 核心知识

需求分析是在前期已经完成了需求调研、需求收集等工作，并已获取了初步需求的基础上进行的，特别要指出的是用户的参与是需求分析成功的基础，因此需求分析活动鼓励用户以一种积极的方式参与，并在整个软件生命周期中强调用户参与和领域专家指导的作用，使目标系统更好地满足用户的需求。

常见的、有效的需求分析方法和描述方式都要考虑便于用户的参与和理解。此外，不同的分析方法所建立出来的需求模型和建模方法也不同，常用的分析方法有功能分析方法、结构化分析方法、面向对象分析方法。

一、功能分析方法

将系统看作若干个功能模块的集合，每个功能又可以分解为若干个子功能，子功能还可以继续划分、不断地分解，分解的结果就已经是系统的雏形。

如图 3.3 所示，可将科研管理系统第一层分解为我的工作，投稿管理，科研管理，内容管理，图中画出了第一层模块所分解的子功能，即第二层模块。第二层模块还可以继续按功能分解为第三层，不断地深入按照功能进行划分。

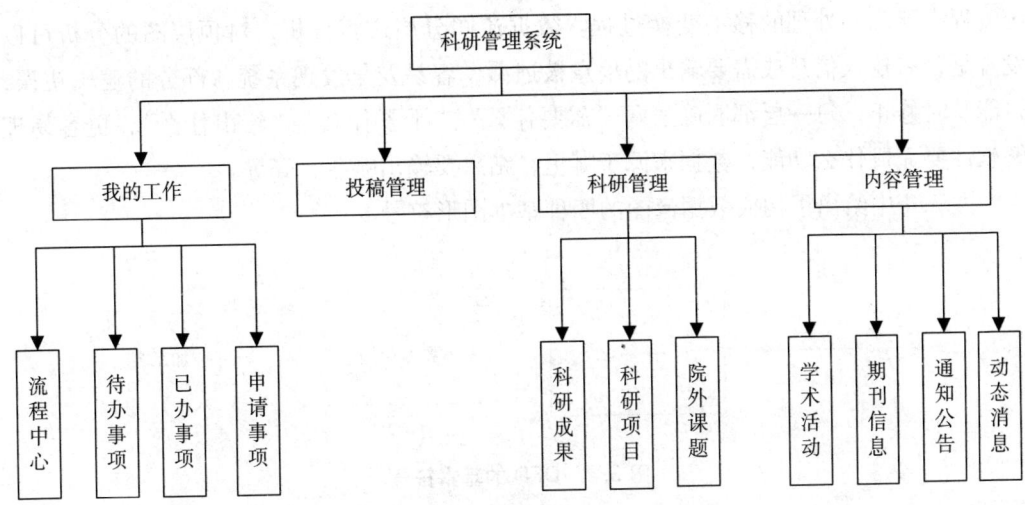

图 3.3　科研管理系统

二、结构化分析方法

结构化分析方法的基本思想是"自顶向下，逐步细化"，即从系统的基本模型（系统的顶层数据流图）开始，逐层地对系统进行分解。随着这个过程的不断进行，系统的加工数量越来越多，每个加工的功能也越来越具体，直到所有的加工都足够简单，不必再分解为止。通过这种分解将得到一组分层数据流图，作为需求分析说明书的重要组成部分。

结构化分析方法的基本思想也可称为分解和抽象。将复杂性降低到我们可以对于一个复杂的系统简单化，把复杂的问题分解成若干个小的问题，然后分别解决，这就是"分解"。分解也可以分层进行，即先考虑问题最本质的属性，暂时把细节略去，以后再逐层添加细节，直至涉及最详细的内容，这就是"抽象"。

结构化分析方法主要是利用数据流图（DFD）、数据字典（DD）、实体联系（E-R）图和加工说明（PSPEC）等来描述系统的功能模型。其主要的步骤是自顶向下对系统进行功能分解，画出分层的数据流图（DFD），然后由后往前定义系统的数据和加工，编制数据字典（DD）和加工说明（PSPEC），最后编写需求规格说明书（SRS）。

（一）数据流图

数据流图简称 DFD，它从数据传递和加工角度，以图形方式来表达系统的逻辑功能、数据在系统内部的逻辑流和逻辑变换过程，是结构化系统分析方法的主要表达工具及用于表示软件模型的一种图示方法。

数据流图分析关注的重点是数据，将面向控制的信息作为数据进行处理，包括了系统的所有数据，能准确地抽象系统数据的流向和处理过程，概括性地描述数据在系统流程中流动和处理的移动变换过程。数据流图分层进行分析，对顶层图的分析可以发现是否有输入信息或需要输出的信息被遗漏，容易及早发现系统各部分的逻辑错误，也能及时修正。每一层都明确强调"需要什么""干了什么""给出什么"，更容易理解软件要完成什么功能，数据来源于哪里，结果要输出哪些，等等。

图 3.4 中给出了构成数据流图的四种基本图形符号。

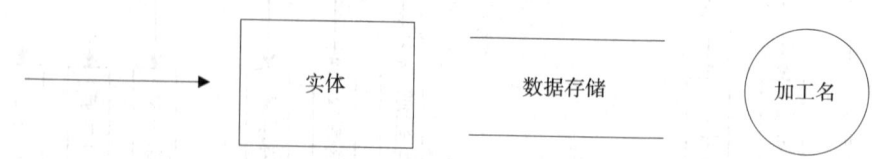

图 3.4　DFD 的基本符号

箭头表示数据流，矩形框表示数据的源点或终点，即外部实体，双杠或单杠表示数据存储，圆或椭圆表示加工。

数据流，是数据在系统内传播的路径，由一组固定的数据项组成。数据流可以在加工之间流动，也可以在加工和文件之间流动，还可以从源点流向加工或从加工流向终点。

数据源点和终点，通常是软件系统外部环境中的实体（包括人员、组织或其他软件系统），统称为外部实体。

数据存储，指暂时保存的数据，它可以是数据库文件或任何形式的数据组织。流向数据存储的数据流可以理解为写文件或查询文件，从数据存储流出的数据流可以理解为从文件读数据或得到查询结果。

加工，也称为数据处理，它对数据流进行某些操作或变换。每个加工名通常用动词短语简明地描述加工的内容。

【例3.2】现有一图书预定系统，接收由顾客发来的订单并对订单进行验证，验证过程是根据图书目录检查订单的正确性，同时根据顾客档案确定是新顾客还是老顾客、是否有信誉。经过验证的正确订单暂存在待处理的订单文件中。对订单进行成批处理，根据出版社档案，将订单按照出版社进行分类汇总，并保存订单存根，然后将汇总订单发往各出版社。

建立图书预定系统顶层的 DFD，作图步骤如下：

（1）确定外部实体（顾客、出版社）及输入、输出数据流（订单、出版社订单）。

（2）分解顶层的加工（验证订单、汇总订单）。

（3）确定所使用的文件（图书目录文件、顾客档案等5个文件）。

（4）用数据流将各部分连接起来，形成数据封闭。

图 3.5 描述了图书预定系统的顶层 DFD。

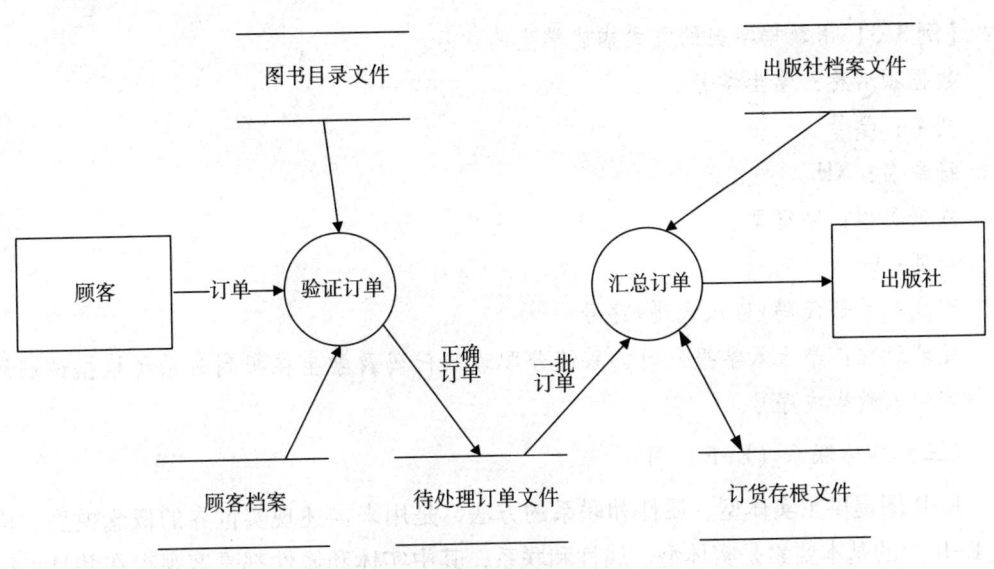

图 3.5　图书预定系统的 DFD

需要注意的是，数据流图不是传统的流程图或框图，数据流也不是控制流。数据流图是从数据的角度来描述一个系统，而框图则是从对数据进行加工的角度来描述系统；数据流图中的箭头表示数据，而框图中的箭头则是控制流，控制流表达的是程序执行的顺序。

（二）数据字典

数据字典简称 DD，它对流程图中出现的所有被命名的图形元素在数据字典中作为一个词条加以定义，使每个图形元素的名称都有一个确切的解释。

在数据字典中有四种类型的条目：

（1）数据项条目：通常为数据项的取值类型、允许的取值范围等。例如：

账号 = 20151001—20151999

学制 = ［3｜4｜5］年

（2）数据流条目：给出某个数据流的定义，列出该数据流的各组成数据项。

例如，数据流考生名单由若干"考生姓名""考生号""考试科目""考试时间"组成，则词典中的"考生名单"条目如下：

考生名单 = 考生姓名 + 准考证号 + 考试科目 + 考试时间

（3）文件条目：对文件的定义，列出文件记录的组成数据项。例如，某销售系统的订单文件如下：

订单文件 = 订单编号 + 顾客名称 + 产品名称 + 订货数量 + 交货时间

（4）加工条目：对每个不能再分解的加工做说明，包括加工的激发条件、加工的逻辑、优先级等。

【例3.3】用数据字典的方式描述学生的学号。

数据项名称：学生学号

别名：学号

符号名：XH

数据类型：字符型

长度：9

组成：系部代码+班级代码+序号

处理过程：学生入学报到时，系统分配班级代码及学生在报到时系统根据该班级已报到的人数生成序号。

（三）实体联系（E-R）图

E-R图提供了实体型、属性和联系的方法，是用来描述现实世界的概念模型。构成E-R图的基本要素是实体型、属性和联系，其中实体和属性都是客观存在并且可以相互区别的事物。属性是描述实体的某一特征。例如，工人是一个实体，而工号就是工人这个实体的属性。联系是指实体之间存在的对应关系。联系一般可以分为三类：一对一的联系（1：1）、一对多的联系（1：n）、多对多的联系（m：n）。

表3.2 实体间联系的举例

联系种类	说明	实例
一对一联系（1：1）	如果实体集A中的每一实体只与实体集B中的一个实体相联系，反之亦然，则称这种关系为一对一联系。	一个班级只有一名班长，并且班长不可以在其他班级兼任，班长和班级的关系就是一对一联系。
一对多联系（1：n）	如果实体集A中的每一实体，在实体集B中都有很多个实体与之相对应；实体集B中的每一个实体，在实体集A中只有一个实体与之对应，则称这种关系为一对多联系。	一个班级有多个学生，而一个学生只能归属一个班级，则班级和学生之间的关系就是一对多联系。
多对多联系（m：n）	如果实体集A中的每一实体，在实体集B中都有很多个实体与之相对应，反之亦然，则称这种关系为多对多联系。	一个学生可以参加多个运动比赛项目，而每一个运动比赛项目也可以有多名学生参加，则学生与比赛项目的关系就是多对多联系。

E-R图的表示为：

实体：用矩形表示，矩形框内写明实体名。

属性：用椭圆形表示，并用无向边将其与相对应的实体连接起来。

联系：用菱形表示，菱形框内写明联系名，并用无向边分别与有关实体联系起来，同时在无向边旁标上联系的类型（1：1，1：n，m：n）。

【例3.4】根据下面的需求，画出 E-R 图。

某地区举行篮球比赛，需要开发一个比赛信息管理系统来记录比赛的相关信息，具体要求如下：

（1）登记参赛球队的信息。记录球队的名称、代表地区、成立时间等信息。

（2）系统记录参赛球队中每个队员的姓名、年龄、身高、体重等信息。

（3）每个球队有一个教练负责管理，一名教练只能负责一个球队。

（4）系统记录教练的姓名、年龄等信息，所有球员、教练可能出现重名的情况。

根据题干的信息，可绘制出 E-R 图如图3.6所示：

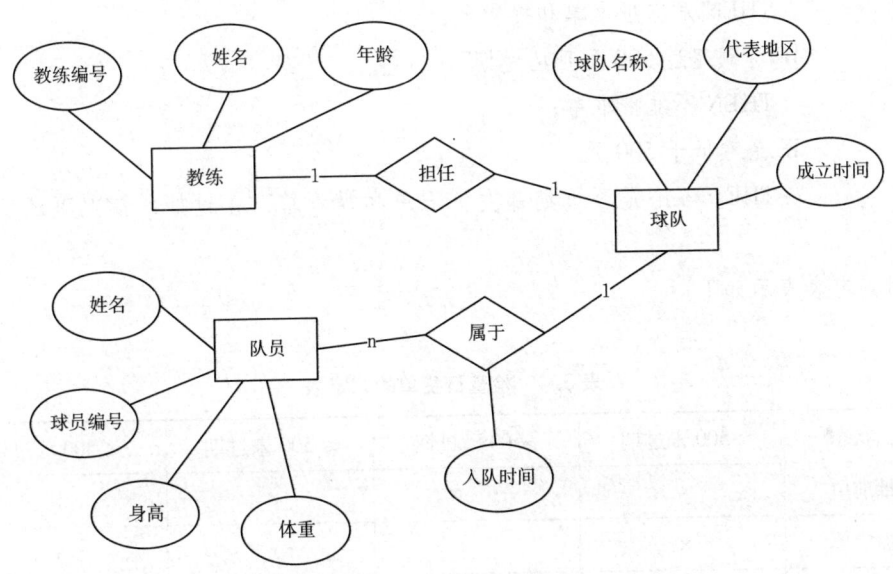

图3.6　篮球比赛信息管理系统 E-R 图

（四）加工说明

加工说明又称加工小说明，对数据流图中每一个不能再分解的基本加工都必须有一个"加工小说明"，给出这个加工的精确描述。

对基本加工说明有三种描述方式，在使用时可以根据具体情况选择合适的方式对加工进行描述。

（1）结构化语言。结构化语言是介于自然语言和形式语言之间的一种半形式化语言。它是自然语言的一个受限制的子集。它一般包括两层结构：外层语法较具体，为控制结构（顺序、选择、循环）；内层较灵活，表达"做什么"。

（2）判定表。判定表是一种二维表格，常用于较复杂的组合条件，通常由四部分组成，如表3.3所示。其中，条件框表示条件定义，操作框表示操作的定义，条件条目表示各条件的取值及组合，操作条目表示在各条件取值组合下所执行的操作。

表3.3　判定表

条件框	条件条目
操作框	操作条目

【例3.5】一个订购系统，"检查订购单"处理的逻辑描述如下：

IF 金额超过500元且未过期

　　THEN 发出批准单和提货单；

IF 金额超过500元且已过期

　　THEN 不发批准单；

IF 金额低于500元

　　THEN 不论是否过期都发批准单和提货单，在过期的情况下还发出通知书。

用判定表表示如下：

表3.4　检查订货单的判定表

金额状态	>500 未过期	>500 已过期	≤ 500 未过期	≤ 500 已过期
发批准单	×		×	×
发提货单	×		×	×
发通知单				×

（3）判定树。与判定表项目相比，判定树结构更清晰，但不宜输入计算机。

【例3.6】某工厂的职工超产奖励政策如下：

对产品X，实际生产数量超过计划指标50件（含50件）以下，每超产1件奖励1元；超产数量在51~100件，超过50件部分，每超产1件奖励1.2元；超产数量在100件以上，超过100件部分，每超产1件奖励1.5元。对产品Y，实际生产数量超过计划指标25件以下（含25件），每超产1件奖励2元；超产数量在25件以上，每超产1件奖励3元。

$$\text{奖励政策}\begin{cases}\text{产品 X}\begin{cases}1\leq N\leq50\Rightarrow1\times N\ \text{元}\\50<N\leq100\Rightarrow50+1.2\times（N-50）\ \text{元}\\N>100\Rightarrow110+1.5\times（N-100）\ \text{元}\end{cases}\\\text{产品 Y}\begin{cases}1\leq N\leq25\Rightarrow2\times N\ \text{元}\\N>25\Rightarrow50+3\times（N-25）\ \text{元}\end{cases}\end{cases}$$

图 3.7 判定树

三、面向对象的分析方法

面向对象的分析（OOA）方法是运用面向对象的方法进行系统分析，强调运用面向对象方法，对问题域和系统职责进行分析和理解，找出描述问题域及系统职责所需的对象，定义对象的属性、服务以及它们之间的关系，目标是建立一个符合问题域、满足用户需求的 OOA 模型。

面向对象建模得到的模型包括对象的三个要素：静态结构（对象模型）、交互次序（动态模型）和数据交换（功能模型）。

对象模型：表示静态的、结构化的系统"数据"性质，描述现实世界中实体的对象以及它们之间的关系，表示目标系统的静态数据结构。在面向对象方法中，类图用于构建对象模型。

动态模型：描述系统的动态结构和对象之间的交互，表示瞬间的、行为化的系统的"控制"特性，描述与操作时间和顺序有关的系统特征、影响更改的事件、事件的序列、事件的环境以及事件的组织。常见的有状态图、顺序图、协作图、活动图构建系统的动态模型。

功能模型：表达系统的详细要求，表示变化的系统的"功能"性质，它指明了系统应该"做什么"，更直观地反映了用户对目标系统的需求。通常由用例图和场景描述组成。

UML 提供了九种不同的图：

用例图：描述系统功能；

类图：描述系统的静态结构；

对象图：描述系统在某个时刻的静态结构；

时序图：按时间顺序描述系统元素间的交互；

协作图：按时间和空间顺序描述系统元素的交互和他们之间的关系；

状态图：描述了系统元素的状态条件和响应；

活动图：描述系统元素的活动；

组件图：描述了实现系统的元素的组织；

配置图：描述了环境元素的配置，并把实现系统的元素映射到配置上。

任务四　了解需求规格说明书

任务描述

撰写科研管理系统的软件需求规格说明书。

核心知识

在完成了需求分析和建模的基础上，要将结果记录在需求规格说明书中。软件需求规格说明书（Software Requirement Specification，SRS）描述对计算机软件配置项（CSCI）的需求，是软件生命周期中一份至关重要的文档，是需求分析阶段最重要的文档，是客户（用户）、分析师、软件工程师、测试人员及维护人员之间用于交流的标准和依据。在软件需求规格说明中，通常使用自然语言完整、准确、具体地描述系统的数据、功能、行为、性能需求、约束条件、验收标准以及其他与需求相关的信息。软件需求规格说明的内容框架如下：

1. 引言

1.1 编写目的

说明编写这份软件需求规格说明书的目的，指出预期的读者。

1.2 项目背景

a. 待开发的软件系统的名称。

b. 本项目的任务来源、开发者、用户以及相关机构。

c. 该软件系统与其他系统或者其他机构的关系。

1.3 定义

列出本需求规格说明书中所用到的专门术语的定义以及外文术语。

1.4 参考资料

列出所用的参考资料，例如：

a. 本项目的经核准的计划任务书或合同、上级机关的批文。

b. 属于本项目的其他已发表的文件。

c. 本文件中各处引用的文件、资料，包括所要用到的软件开发标准。列出这些文件资料的标题、文件编号、发表日期和出版单位，及文件资料的来源等。

2. 任务概述

2.1 项目目标

叙述该软件项目开发的应用目标、作用范围以及其他有关本软件开发的背景材料。说明本软件与其他有关软件之间的关系。若本软件产品是一项独立的软件，也应加以说明。如果是某个更大的系统的一部分，则可用框图和文字说明本产品与该系统中其他各组成部分之间的联系和接口。

2.2 用户特点

给出本软件的最终用户的特点，操作人员、维护人员的教育水平和技术专长，以及本软件的预期使用频度。这些是软件设计工作的重要约束。

2.3 运行环境

给出运行本软件的软、硬件环境及其他运行条件。

2.4 条件与限制

开发工作的约束条件，如经费限制、开发期限等。

3. 需求描述

3.1 功能需求

可用列表的方式逐项叙述对软件系统的功能需求，说明输入、处理、输出过程，说明软件可支持的终端数和可支持的并行操作的用户数等。给出相应的需求模型。

3.2 非功能需求

对软件系统的非功能需求进行说明。

3.3 对性能的需求

列出软件系统具体的性能指标，这对性能有特殊要求的系统尤其重要。

3.3.1 精度

说明对该软件的输入、输出数据精度的要求，可能包括传输过程中的精度。

3.3.2 时间特性要求

说明对于该软件的时间特性要求，如实时系统的输入、处理、输出时间要求。

a. 响应时间。

b. 更新处理时间。

c. 解题时间等。

3.3.3 灵活性

说明对该软件的灵活性的要求，即当需求发生某些变化时，该软件对这些变化的适应能力。例如：

a. 操作方式上的变化。

b. 运行环境的变化。

c. 同其他软件的接口的变化。

d. 精度和有效时限的变化。

e. 计划的变化或改进。

对于为了提供这些灵活性而进行的专门设计的部分应该加以标明。

3.4 输入输出要求

说明各输入输出数据的类型，逐项说明其格式、数值范围、精度等。

3.5 数据管理能力要求

说明需要管理的文卷和记录的个数，表和文卷的大小规模，要按可预见的增长对数据及其分量的存储要求作出估算。

3.6 故障处理要求

列出可能的软件、硬件故障以及对各项性能而言所产生的后果和对故障处理的要求。

3.7 其他需求

如用户单位对安全保密的需求，对使用方便的需求，对可维护性、可补充性、易读性、可靠性、运行环境可转换性的特殊需求等。

4. 设备及接口

4.1 硬设备

列出运行该软件所需要的硬设备并说明功能。包括：

a. 处理器型号及内存容量。

b. 外存容量、媒体及其存储格式，设备的型号及数量。

c. 输入及输出设备的型号和数量。

d. 数据通信设备的型号和数量。

e. 功能键及其他专用硬件。

4.2 支持软件

包括使用的操作系统、编译（或汇编）程序、测试支持软件等。

4.3 接口

说明该软件同其他软件之间的接口、数据通信协议等。

4.4 控制

说明控制该软件运行的方法和控制信号，并说明这些控制信号的来源。

5. 其他

任务五　了解需求评审和管理

任务描述

试想从哪个方面验证软件的需求是正确的？

核心知识

很多失败项目的失败原因都在于软件做完需求调研后就进行需求分析，接着紧锣密鼓地进行设计和研发阶段，再交付给客户使用，客户才发现项目已完全偏离了自己的需求和期望，这是为什么呢？记得之前玩过一个隔板传话的游戏，当第一个人将正确的话传给下一个人，到了最后一个人的时候，话已经不成为原话，而带来很多笑料。

软件需求就像原话一样，当将需求逐步演变的时候，需要对需求不断地确认、验证，这样软件开发之初的需求期望才和最终想要的结果一致。软件需求是软件开发的最重要的一个输入，需求风险也常常是软件开发过程中最大的一个风险，降低需求风险的一个重要手段就是需求评审。

一、需求验证

为了提高软件产品的质量，确保软件开发成功，只要对目标系统提出新的需求就必须严格验证这些需求的正确性，一般情况下，应该从以下四个方面验证需求的正确性。

（1）一致性。不管是新提出的需求，还是已有的需求，所有需求都必须是一致的，它们之间不能互相矛盾。

（2）完整性。软件需求规格说明中应该包含用户需要的每一个功能或用户要求的每一个性能，即需求必须是完整的。

（3）现实性。现实性是指用户提出的需求应该是用现有的技术能够实现的。例如有用户提出这样的需求：12306 网上订票系统应该一次能订票 8 亿张。这样的需求很显然不具有现实性。

（4）有效性。需求必须是正确有效的，这样软件设计与开发人员才能解决用户面对的问题。

二、评审

评审分为正式评审和非正式评审两种方式，正式评审除了软件开发人员参与外，还应邀请用户代表和领域专家参加，通常采用答辩的方式，设计人员在会上对评审内容做出详细汇报，并回答参与人员提出的问题，然后专家作出评审意见。非正式评审的特点是参会人员少，且都是技术人员参会，通常是同行评审。

为了保证软件的质量，在开发各个阶段通常都要进行多次非正式评审和正式评审，每次评审完成后，设计人员根据需要对评审小组提出的问题进行修改，然后再进行评审，直到通过评审为止。

一般评审的过程如下：

1. 确定评审组长。由质量保证人员与项目经理、部门经理协商，确定项目的评审级别及评审人员角色构成要求，初步确定评审组长人选。质量保证人员与评审组长沟通，最终确定评审组长。评审组长充分了解项目相关情况，为制定评审计划做好准备。

2. 评审计划。

（1）评审组长制定评审计划（根据项目计划和质量计划）。

（2）评审组长确定评审对象和评审时间。

（3）评审组长确定评审级别和策略（形式的组合）。

（4）评审组长确定评审流程部分环节的裁减和提交物。

（5）评审组长确定入口条件和通过准则。

（6）评审组长确定回归评审准则。

（7）评审组长制定评审检查表（CheckList）。

（8）评审组长确定评审角色构成。

（9）评审组长根据评审角色构成，确定评审人员并成立评审小组。

（10）相关人员（评审人员和项目团队双方）确认评审计划。

（11）评审组长发布评审计划。

3. 评审准备。

（1）正式评审前准备：文档作者向相关人员发布文档。

（2）评审人员阅读了解文档，争取发现大部分问题。

（3）文档作者解决大部分发现的问题。

（4）评审组长确定会议地点、环境、设备和所有材料。

（5）评审组长确定人员职责和会议议程。

（6）评审组长确定评审开始条件成熟。

（7）评审组长通知相关人员到会。

4. 评审会议。

（1）主持人（评审组长）宣布会议议程、人员职责和会场纪律。

（2）文档作者介绍工作成果，对评审人员的疑问进行必要的解释。

（3）评审人员对不解之处提出疑问，指出问题或缺陷并说明根据。

（4）文档作者与评审人员讨论缺陷的真实性，分清缺陷性问题和建议性问题，讨论确定是否需要按照评审人员的要求进行改进。

5. 评审记录。正式评审应当记录有共识的问题或缺陷，也要记录有争议待解决的问题，使评审工作文档化，便于跟踪最终解决。

6. 评审结论。评审结论一般分为通过、有条件通过和不通过三种情况，确定了修改责任人和跟踪责任人。阶段评审的评审结果就是验收现阶段的工作，验收合格才能进行下一阶段的设计工作。

在评审会后，根据评审人员提出的问题进行评价和整理，必须明确所提出的问题哪些是致命的错误，哪些是一般性的错误；哪些必须纠正，哪些可以不纠正，并给出充分的、客观的理由与证据，以形成书面的评审报告。

7. 跟踪与总结。对评审中发现问题的后续跟踪是改正错误并消除缺陷的有效措施，应当有专门的责任人进行后续跟踪确认错误都已改正，根据结论必要时回归评审。

8. 材料归档。评审材料归档是项目配置管理工作的一部分。新建项目，在记载配置管理工具中为此项目建立一个目录，并建立下列子目录。

（1）待评阅态：文件放入此目录后会自动通过邮件通知需要评阅的人员，全体评阅人员评阅完毕，也会自动通过邮件把意见通知文档作者并实现到期自动提醒功能。

（2）待评审态：文件放入此目录后会自动通过邮件通知需要评审的人员，全体评审人员评审完毕，也会自动通过邮件把批准或拒绝的意见通知文档作者并实现到期自动提醒功能。

（3）受控态：评审批准后自动转入受控态并发布自动邮件。

（4）签出态：为了修改而版本升级，当文件签出时放入签出态，修改后的文档可能签入到待评阅态、待评审态或直接到受控态，但文档版本已经升级。

（5）产品态：项目结束后受控态的文档自动归到产品态。

三、签订需求确认协议

签订需求确认协议代表客户对《需求规格说明书》的内容没有异议，需求分析人员和客户之间对业务及用户的理解是一致的。一般情况下，在项目管理过程中会要求客户在需求确认协议上签字。

【例3.7】科研管理系统《需求规格说明书》确认协议。

《需求规格说明书》确认协议

甲方（建设单位）：某职业学院

乙方（承建单位）：××科技股份有限公司

在甲方的大力配合支持下，乙方制作了该《需求规格说明书》；甲方对该《需求规格说明书》进行了详细审核，已确认该《需求规格说明书》中的各项内容翔实、全面、准确，完全涵盖《项目开发合同》中的《用户需求说明书》部分关于软件产品的需求。经过甲、乙双方友好协商，达成如下协议。

该《需求规格说明书》是《项目开发合同》的补充文件，与《项目开发合同》具有同等的法律效力。

该《需求规格说明书》是科研管理系统软件产品最终验收的唯一标准。

甲方若在科研管理系统验收前提出对该《需求规格说明书》中的内容进行变更（包括增加、修改、删除），双方应就此签订补充协议。

甲方同意乙方根据《需求规格说明书》进行科研管理系统软件产品的开发。

本协议一式两份，甲乙双方各执一份。

本协议自甲乙双方签字之日起生效。

甲方单位（盖章）：　　　　　　　　　乙方单位（盖章）：

某职业学院　　　　　　　　　　　　　××科技股份有限公司

甲方代表（签字）：　　　　　　　　　乙方代表（签字）：

　　年　　　日　　　日　　　　　　　　　年　　　日　　　日

四、需求管理

简单地说，系统开发团队之所以管理需求，是因为他们想让项目获得成功。若无法管理需求，成功的概率就会降低。据统计，导致项目失败的最重要的原因与需求有关，失败的原因最多的是"变更用户需求"。需求管理的方法主要包括以下几个方面。

（1）制定需求变更控制过程。制定一个选择、分析和决策需求变更的控制过程，所有的需求变更都应遵循这个过程。

（2）分析需求变更的影响。评估每项需求变更，以确定它对项目计划安排和其他需求的影响，明确与变更相关的任务，并评估完成这些任务所需要的工作量。这些分析将有助于需求变更控制部门做出更好的决策。

（3）建立需求基准版本和需求控制版本文档。确定需求基准，这是项目各方对需求达成共识时的一个快照，之后的需求变更遵循变更控制过程即可。每个版本的需求规格说明都是独立说明，以避免将底稿和基准或新旧版本混淆。

（4）维护需求变更的历史记录。将需求变更情况写成文档记录变更日期、原因、负责人、版本号等内容，及时通知项目开发所涉及的人员，为了尽量减少困难、冲突、误传，应指定专人来负责更新需求。

（5）跟踪每项需求的状态。可以把每一项需求的状态属性（如建议的、已通过的、已实施的或已验证的等）保存在数据库中，这样可以随时得到每个状态的需求数量。

（6）衡量需求稳定性。可以定期把需求变更（添加、修改、删除）数量和原始需求数量进行比较，过多的需求变更是一个报警信号，意味着项目的基本需求并未真正弄清楚，应考虑是否取消项目的开发。

任务六　实验实训

请按照软件需求规格说明的内容框架，查阅资料并撰写科研管理系统的软件需求规格说明。

小结

软件需求分析是软件生命周期中最关键的阶段。软件需求分析是开展软件设计、实现和测试的基础。本单元首先介绍了需求分析的概述、需求分析的任务，然后介绍了需求获取的技术、需求分析方法与建模技术以及需求规格说明书，最后介绍了需求评审和管理。

结构化分析方法是面向数据流自顶向下逐步求精进行需求分析的方法，使用 E-R

图建立数据模型，使用数据流图建立功能模型。分析模型建立之后，在需求分析阶段编写最重要的文档——《需求规格说明书》，需要在软件需求规格说明经过评审专家严格评审并得到用户认可后，才能结束软件需求分析阶段。

学习单元四

软件项目的概要设计

任务一　掌握概要设计的基本内容

任务描述

作为一名软件设计人员，当从项目经理那拿到需求规格说明书后，应该从哪些方面进行项目系统的概要设计？

核心知识

对系统的需求进行分析后，项目组人员已经清楚了系统"做什么"，现在到了系统"如何做"的阶段。软件设计阶段的任务就是解决"怎么做"的问题。软件设计是软件开发过程的核心，是把用户需求转化为软件的具体设计的重要环节。设计质量的高低直接决定了软件项目的成败，缺乏或者没有软件设计的过程会产生一个不稳定的甚至是失败的软件系统。如图4.1所示。

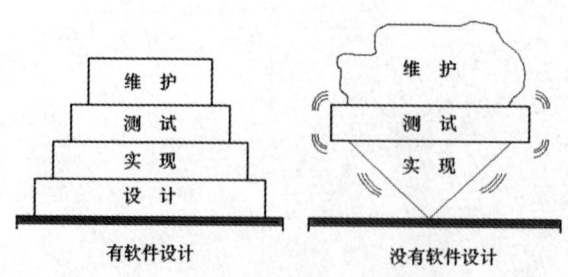

图 4.1　有无软件设计的系统对比

良好的软件设计是快速进行软件开发的根本，没有良好的软件设计，会将时间花在不断的调试上，无法添加新功能，修改时间越来越长，随着给程序打一个又一个补丁，新的功能又需要更多的代码来实现，最终就变成一个恶性循环了。需求规格说明是软件设计的重要输入，也为软件设计提供了基础，软件设计过程是将需求规格说明转化为一个软件实现方案的过程。软件设计过程分为两个部分：概要设计和详细设计。

一、概要设计的基本任务

概要设计主要用于确定项目的最合适的实现方案和确定软件的设计结构，概要设计的基本任务如下。

1. 系统架构设计。根据系统的需求框架，确定系统的基本结构，设计一个最合适的实现方案和确定软件的设计结构。主要设计内容包括以下方面：

（1）根据系统业务需求，考虑各种可行的实现方案，在可行性的基础上通过综合分析对比确定最合适的实现方案。

（2）将系统分解成多个具有独立任务的子任务。

（3）分析子系统之间的通信，确定子系统的外部接口。

当系统架构设计完成后，一个软件项目系统就被分成了许多个软件子项目。

2. 系统结构设计。结构设计的目标就是确定软件项目由哪些模块组成，以及模块之间的关系，其步骤如下：

（1）功能分解。从实现角度把复杂的功能，模块分解为一系列比较简单且易于理解的功能。

（2）设计软件结构。确定每个模块的功能并确定模块之间的调用关系和接口等。

（3）数据库设计。从需求分析阶段中抽取数据并将其在数据库中表示出来。

3. 系统结构设计。系统结构包括内部接口、外部接口和用户接口。接口设计的任务是描述系统内部各模块之间如何通信、系统与其他系统之间如何通信以及系统与用户之间如何通信，接口包括数据流和控制等信息。

4. 测试方案设计。为保证软件的可测试性，在软件的设计阶段就要考虑软件测试方案问题。在概要设计阶段，测试方案主要从系统功能上来设计，用于后期的集成测试。

5. 编写文档。在概要设计阶段需要编写概要设计说明书、数据库设计、用户手册、测试计划等文档。

概要设计说明书。包括系统流程图、物理环境、成本/效益分析、精华数据流图和层次结构图。

数据库设计。包括物理数据库设计、数据字典和数据库整体关系图。

用户手册。根据概要设计的结果，修正在需求分析阶段产生的用户手册初步文档。

测试计划。包括测试策略、测试方案、预期的测试结果、测试进度计划和详细设计的实施计划。

6. 审查和复审。根据需求规格说明书对设计方案和各种文档进行严格的技术审查，通过后再由对应部门从管理角度进行复审。

二、概要设计的基本过程

概要设计的基本过程如图 4.2 所示，主要包括三个方面的设计：系统架构设计、软件结构设计和数据结构设计。首先是系统架构设计，用于定义组成系统的子系统，以及对子系统的控制、子系统之间的通信和数据环境等，然后是软件结构和数据库结构的设计，用于定义构成系统的功能模块、模块接口、模块之间调用和返回关系，以及数结构、数据库结构等。

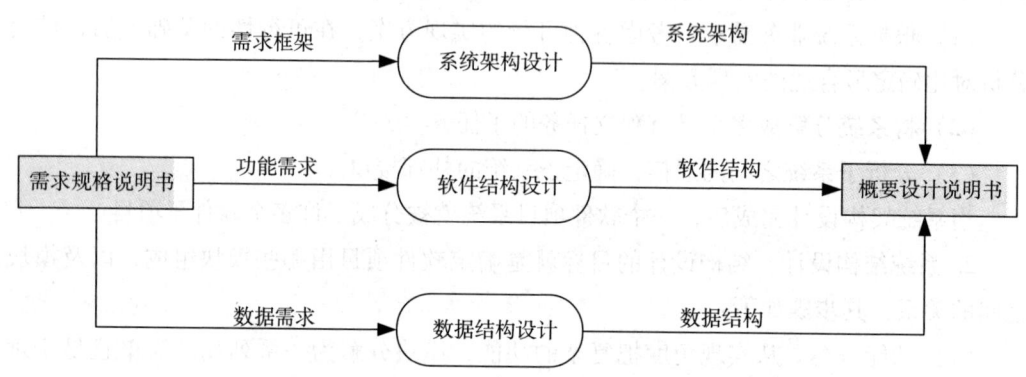

图 4.2　概要设计的基本过程

任务二　了解概要设计原理

任务描述

根据科研管理系统的需求，设计出各个模块。

功能 1：以教职工为个体对教职工信息进行管理。

功能 2：对教职工课题、论文进行管理。

功能 3：对用户权限进行管理。

功能 4：对讲座进行管理。

核心知识

为了开发出高质量、低成本的软件系统，在概要设计的设计过程中应该遵循模块化原则和抽象化原则。

一、模块化原则

软件开发人员面对规模庞大的软件系统，采取将负责的系统划分为更多个可完成某一子功能的子系统，然后把这些子系统组合成复杂的目标系统的做法。模块化是将系统的某些要素组合在一起，构成一个具有特定功能的子系统，最后把这些子系统集合成一个复杂的目标系统。这种分而治之的做法就是软件设计中的模块化原理。

模块化设计可以降低软件设计和实现的复杂度，还可以降低开发工作量，从而降低开发成本，提高软件生产率，这就是模块化的依据。但是随着模块数量增加，设计模块间接口所需的工作量也将增加。根据这两个因素，得出了图4.3中的总成本曲线。每个程序都相应地有一个最适当的模块数目 M，使得系统的开发成本最小。因此，我们应该按照一定的原理进行合理划分找到合适的 M。

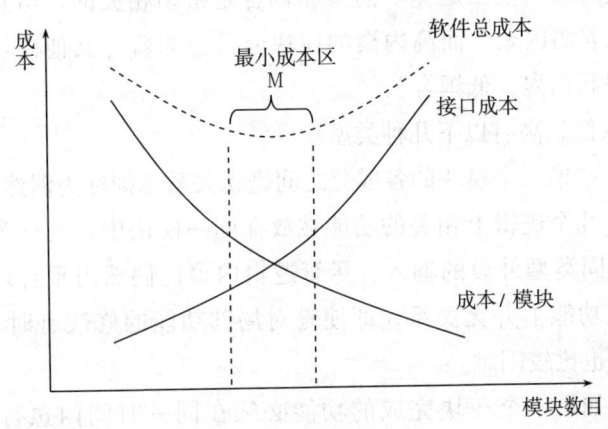

图4.3　模块化和软件成本

模块独立是模块化、抽象、信息隐蔽和局部化概念的直接结果。每个模块完成一个相对独立的子功能，并且与其他模块间的接口简单。若一个模块只有单一的功能且与其他模块没有太多的联系，则称此模块具有模块独立性。保持"模块独立"是模块化设计的基本原理。因为"模块独立"的模块可以降低开发、测试、维护等阶段的代价。但是"模块独立"并不意味着模块之间保持绝对的孤立。一个系统完成某项任务，需要各个模块相互配合才能实现，此时模块之间就要进行信息传递。

评价模块设计优劣的三个特征因素为："信息隐蔽""内聚与耦合"和"封闭与开放性"。

（一）信息隐蔽

为了尽量避免某个模块的行为干扰同一系统中的其他模块，在设计模块时就要注意信息隐蔽。应该让模块仅向外界公开必须让其知道的内容，而隐藏其他一切内容。

信息隐蔽是采用封装的技术，将模块内的实现细节（过程和数据）隐藏起来，其对于不需要这些信息或没有授权访问这些信息的模块来说是不能访问的。模块的信息隐藏可以通过接口设计来实现。一个模块仅提供有限个接口，执行模块的功能或与模块交流信息必须且只需通过调用公有接口来实现。使用信息隐藏为软件模块的测试和修改带来极大的好处，因为模块之间的信息相互隐藏，因此修改一个模块不会影响另一个模块。

（二）内聚和耦合

衡量模块独立程序的定性标准是内聚和耦合。内聚是一个模块内部各成分之间相关联程度的度量。耦合是模块之间依赖程度的度量。耦合的强弱取决于模块间结构的复杂程度、进入或访问一个模块的点及通过结构的数据。耦合性又称为块间联系，指软件系统结构中各模块间相互联系紧密程度的一种度量。模块之间联系得越紧密，其耦合性就越强，模块的独立性则越差。内聚和耦合是密切相关的，与其他模块存在强耦合的模块通常意味着弱内聚，而高内聚的模块通常意味着与其他模块之间存在低耦合。模块设计追求"高内聚，低耦合"。

1. 内聚按强度从低到高有以下几种类型：

（1）偶然内聚。如果一个模块的各成分之间毫无关系，则称为偶然内聚。

（2）逻辑内聚。几个逻辑上相关的功能被放在同一模块中，则称为逻辑内聚。如一个模块读取各种不同类型外设的输入。尽管逻辑内聚比偶然内聚合理一些，但逻辑内聚的模块各成分在功能上并无关系，即使是对局部功能的修改有时也会影响全局，因此这类模块的修改也比较困难。

（3）时间内聚。如果一个模块完成的功能必须在同一时间内执行（如系统初始化），但这些功能只是因为时间因素关联在一起，则称为时间内聚。

（4）过程内聚。如果一个模块内部的处理成分是相关的，而且这些处理必须以特定的次序执行，则称为过程内聚。

（5）通信内聚。如果一个模块的所有成分都操作同一数据集或生成同一数据集，则称为通信内聚。

（6）顺序内聚。如果一个模块的各个成分和同一个功能密切相关，而且一个成分的输出作为另一个成分的输入，则称为顺序内聚。

（7）功能内聚。模块的所有成分对于完成单一的功能都是必需的，则称为功能内聚。

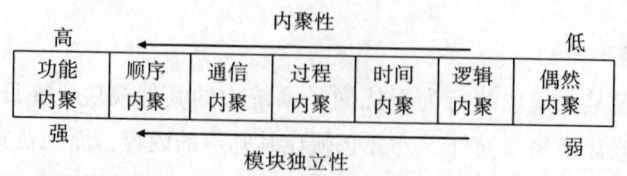

图 4.4　模块内聚性与模块独立性的关系

2．耦合的强度依赖于以下几个因素：

（1）一个模块对另一个模块的调用。

（2）一个模块向另一个模块传递的数据量。

（3）一个模块施加到另一个模块的控制的多少。

（4）模块之间接口的复杂程度。

3．耦合按从强到弱的顺序可分为以下几种类型：

（1）内容耦合。当一个模块直接修改或操作另一个模块的数据，或者直接转入另一模块时，就发生了内容耦合。此时，被修改的模块完全依赖于修改它的模块。

（2）公共耦合。两个以上的模块共同引用一个全局数据项就称为公共耦合。

（3）控制耦合。一个模块在界面上传递一个信号（如开关值、标志量等）控制另一个模块，接收信号的模块的动作根据信号值进行调整，称为控制耦合。

（4）标记耦合。模块间通过参数传递复杂的内部数据结构，称为标记耦合。此数据结构的变化将使相关的模块发生变化。

（5）数据耦合。模块间通过参数传递基本类型的数据，称为数据耦合。

（6）非直接耦合。模块间没有信息传递时，属于非直接耦合。

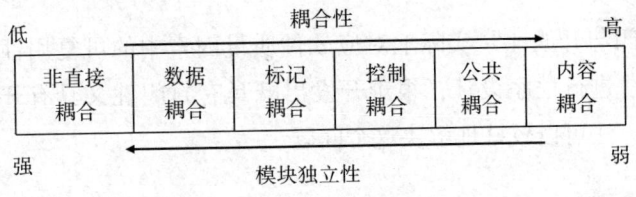

图 4.5　模块的耦合性与模块的独立性关系

如果模块间必须存在耦合，就尽量使用数据耦合，少用控制耦合，限制公共耦合的范围，坚决避免使用内容耦合。

"高内聚，低耦合"主要阐述的是对象系统中，各个类需要职责分离的思想。

"高内聚，低耦合"的系统有什么优势呢？从短期来看，并不能发现明显的优势，甚至由于在划分模块时更耗时间影响开发进度；但从长远来看，高内聚、低耦合系统具有更好的重用性、维护性，可以更高效地完成系统的维护开发工作，因为程序的错误通常在有关的模块和他们之间的接口中，只需要修改涉及的少数几个模块即可。

【例 4.1】以下列需求内容为例进行高内聚、低耦合的设计。

某公司对人员进行管理，需要开发一个公司人员管理系统并进行了如下需求分析。

功能 1：对用户权限进行管理。

功能 2：员工根据权限可以修改自己的个人信息。

功能 3：管理员可以根据权限修改公司成员的信息。

（1）将操作不能拆分的功能进行内聚并将其设计出来。用户权限管理（用户管理、职务管理、角色管理、操作权限管理）下的操作不能独立，都需要相互紧密关联才会对权限操作有实际意义。

（2）用户权限管理只提供下层模块的管理接口。

（3）员工管理操作通过调用权限管理的接口获取权限，然后根据权限限制进行个人信息的管理；管理员操作通过调用权限管理的接口获取权限，然后根据权限进行所有公司员工信息的管理。此操作只对用户权限的接口进行操作，在内部并没有权限相关操作，保持了低耦合。

（三）封闭与开放性

如果一个模块可以作为一个独立体被其他程序引用，则称模块具有封闭性。如果一个模块可以被扩充，则称模块具有开放性。

从字面上看，让模块具有"封闭与开放性"是矛盾的，但这种特征在软件开发过程中是客观存在的。当着手一个新问题时，我们很难一次性解决问题。应该先纵观问题的一些重要方面，同时做好以后补充的准备。因此让模块存在"开放性"并不是坏事情。"封闭性"也是需要的，因为我们不能等到完全掌握解决问题的信息后再把程序做成别人能用的模块。

模块的"封闭与开放性"实际上对应软件质量因素中的可复用性和可扩充性。采用面向过程的方法进行程序设计，很难开发出既具有封闭性又具有开放性的模块。采用面向对象设计方法可以较好地解决这个问题。

二、抽象化原则

抽象化就是我们将某些事物的共性抽取出来进行描述。具体来说，抽象化指从众多的事物中抽取出共同的、本质的特征，而舍弃其非本质的特征。由于人类思维能力的局限性，当处理一个复杂问题时，唯一有效的方法就是把复杂问题分解成容易解决的小问题，分解的过程即需要抽象支持。在软件系统进行模块化设计时，有不同的抽象层次。在最高的抽象层次上，可以使用问题所处环境的语言概括地描述问题的解法。在较低的抽象层次上，则采用过程化的方法。软件工程实施过程中，从系统定义到实现，每进展一步都可以看作是对软件解决方法的抽象化过程的一次细化。从软件需求分析到概要设计再到详细设计、编码实现都是逐步细化的过程。

【例4.2】根据下面的需求，将各模块进行抽象化设计。

某高校对班级进行管理，需开发一个班级信息管理系统并有以下需求。

功能1：以班级为个体对班级信息进行管理。

功能2：以学生为个体对与学生相关联的班级信息进行管理。

功能3：对用户权限进行管理。

功能 4：对班级的评优评先情况进行管理。

通过阅读需求，可将下述分析进行抽象化设计：

（1）将各功能中的公有功能提取出来：添加、修改、删除和查看。

（2）将公有功能块放到较上层的位置。

（3）整理系统与模块的层次关系并进行表述。

班级管理系统：添加、修改、删除和查看、用户权限管理和班级评优评先情况。

添加：班级管理、学生信息管理。

修改：班级管理、学生信息管理。

删除：班级管理、学生信息管理。

查看：班级管理、学生信息管理。

用户权限管理。

班级评优评先情况：记录得分情况和统计排名。

为了提高设计的质量，必须根据软件设计原理设计软件，利用启发规则优化软件结构。启发规则是软件结构设计优化准则，软件概要设计的任务就是软件结构的设计。具体来说，软件设计的启发规则主要有：

（1）改进软件结构，提高模块独立性。概要设计过程中，尽可能做到高内聚、低耦合，就是增强模块间的内聚、减少模块耦合，保持模块的相对独立性。

（2）模块规模适中。经验表明，一个模块的规模不应过大，实现模块的代码段不宜过长，超过一定长度，模块的可理解性就下降。过大的模块往往是由于分解不够充分，可进一步分解，分解后不能影响模块的独立性。模块分解过小会导致系统接口数据增加。因此，要适当地对模块进行分解。

（3）适当控制深度、宽度、扇出和扇入。深度表示一个软件结构中的控制层数，它往往能反映出一个软件系统的大小和复杂程度。

宽度是软件结构内同一层次上模块总数的最大值。一般来说，宽度越大系统越复杂。对宽度影响最大的因素是模块的扇出。

扇出是一个模块直接控制的模块数目，扇出过大意味着模块过于复杂，需要控制和协调过多的下级模块；一般在设计时，扇出应该控制在大于 3 小于 9 的范围内。扇出过大一般是因为缺乏中间层次，应该适当增加中间层次的控制模块。扇出太小时可以把下级模块进一步分解成若干个子模块或将其合并到上级模块中。

扇入是指一个模块被多少个上级模块调用，扇入越大则表明共享这个模块的上级模块数目越多。

在设计过程中，软件结构的深度、宽度、扇出和扇入应适当。设计得好的软件结构通常顶层扇出较高，中层扇出较少，底层扇入较高一些。

（4）模块的作用域应在控制域之内。模块的作用域指受该模块内一个判定影响的所有模块的集合，一个模块的控制范围指模块本身及其所有能够直接或间接调用的模块的集合。一个模块的作用范围应在其控制范围之内，且条件判定所在的模块应与受其影响的模块在层次上尽量靠近。

（5）设计单入口单出口的模块。尽量设计单入口单出口的模块，模块只有一个入口和一个出口，以避免内容耦合，易于理解和维护。

（6）模块功能应该可预测。如果一个模块可以当成一个黑盒子，也就是说，只要输入的数据相同就产生统一的输出，这个模块的功能就是可以预测的。带有内部存储器的模块的功能可能是不可预测的，因为它的输出可能取决于内部存储器的状态，由于内部存储器对于上级模块而言是不可见的，所以这样的模块既不易理解又难于测试和维护。

任务三　掌握概要设计工具

任务描述

某高校图书管理系统的主要功能如下。
（1）管理人员可以查询读者信息、图书信息和借阅统计信息。
（2）针对图书可实现的管理功能有：输入新书、读者借阅、还书和图书注销。
请使用层次图绘制该系统的层次结构。

核心知识

概要设计的主要任务是把需求分析得到的软件系统扩展用例图转换为软件结构和数据结构。设计软件结构的具体任务是：将一个复杂系统按功能进行模块划分、建立模块的层次结构及调用关系、确定模块间的接口及人机界面等。在这个阶段需要使用图形工具来对软件系统结构建模。

一、层次图

通常使用层次图描述软件的层次结构，而不是数据结构。层次图同需求分析阶段描绘数据结构的层次框图相同，但表现的内容却没有什么关系。层次图是以层次的方式来描述软件的层次调用关系，是一种调用关系，软件之间的过程或子过程或函数之间的层次模型，而不是数据结构。

在层次图中一个矩形框代表一个模块，矩形框间的连线表示调用关系（位于上方的框图所代表的模块调用位于下方的矩形框所代表的模块）。

【例4.3】某文档处理系统软件中，正文加工系统模块可以调用输入、输出、编辑、加标题、存储、检索、编目录、格式化等，而编辑又可以调用插入、添加、删除、修改等过程，为表示模块或过程之间的关系，可以画出他们的调用关系层次图如图4.6所示。

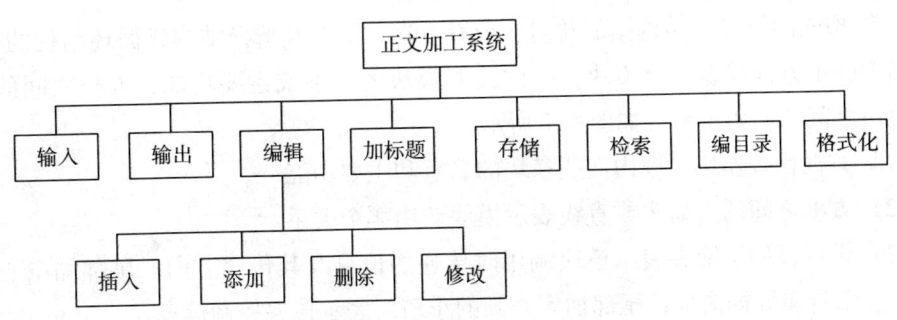

图4.6　正文加工系统的层次图

二、HIPO 图

HIPO 图是"层次图加输入/处理/输出图"的英文缩写，也就是在层次图中加 IPO 图就得到了 HIPO 图。HIPO 图是以模块分解的层次行以及模块的内部输入、处理、输出三大基本部分为基础建立的，提供了有关模块更加完整的定义和说明，更有利于由概要设计到详细设计过渡。

表4.1　科研管理模块的 HIPO 图

系统名称：科研管理系统	设计人：
模块名：科研管理	日期：
模块编号：1.2.1	
上层调用模块： 科研管理系统 1.2	下层被调用模块： 科研项目管理 1.2.1.1 院外课题管理 1.2.1.2 科研成果管理 1.2.1.3
输入数据：科研信息	输出数据：无
处理：将科研信息传入到下层模块调用	
注释：	

三、结构图

结构图和层次图类似，也是描绘软件结构的图形工具，结构图和功能层次图都是用于描述软件结构的图形工具，结构图主要描述软件结构中模块之间的调用关系和信息传递问题，功能层次图着重描述软件系统的层次结构。

1. 结构图的符号。结构图的符号主要有方框、箭头及选择结构或循环结构的框图。结构图中一个方框代表一个模块，框内注明模块的名字或主要功能，方框之间的箭头表示模块之间的调用关系。如图4.7所示。

（1）方框代表模块，框内注明模块的名字和主要功能。

（2）方框之间的大箭头或直线表示模块调用哪个关系。

（3）带注释的小箭头表示模块调用时传递的信息及其传递方向。尾部加空心圆的小箭头表示传递数据信息；尾部加实心圆的小箭头表示传递控制信息。

（4）选择结构根据条件选择性调用下层模块。

（5）循环结构循环调用下层模块。

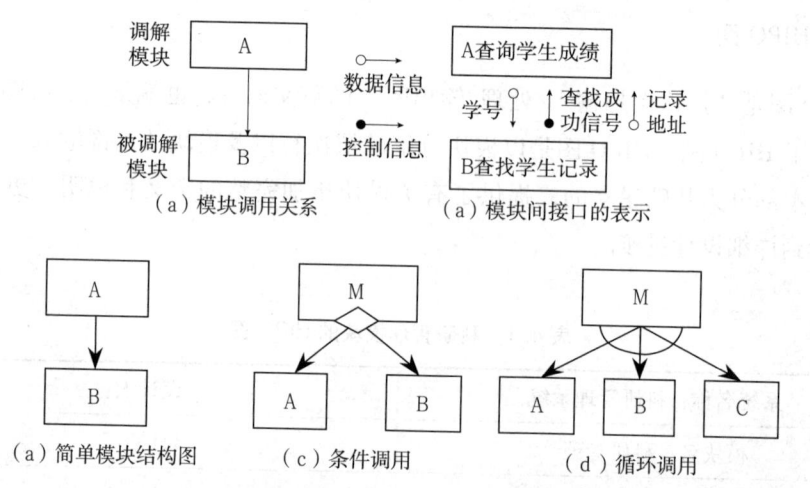

图4.7　模块调用关系与模块间接口的表示

2. 结构图的绘制。结构图只描述一个模块调用哪些模块，没有描述调用次序，也没有标明模块内部的成分。通常上层模块除了调用下层模块的语句之外还可以有其他语句，结构图上不能体现，这种情况下，画结构图可以作为检查设计正确性和模块独立性的方法，通过检查数据传递情况分析数据传递是否齐全、是否正确、是否有多余的不必要的数据传递，还可分析模块分解或合并的合理性，以便选用最佳方案。

任务四　理解用户界面设计

任务描述

从哪些方面去设计用户界面？

核心知识

随着各种应用软件的面市，作为人机接口的用户界面具有越来越重要的作用，用户界面是否友好将直接影响到软件的寿命与竞争力。因此，对用户界面的设计必须予以足够的重视。

一、用户界面设计的特性与设计任务

一个好的用户界面应具有以下特性。

1. 可使用性。

（1）使用简单，用户对界面的学习周期应该较短。

（2）用户界面中所用术语应该标准化，采用用户熟悉的标准系列；同时术语应该具有一致性，在系统任何地方出现的相同概念的术语都是一致的。

（3）提供 Help 功能，以便用户在需要时获得指导。

（4）系统响应速度要尽可能快，不要让用户产生系统停止运行的错觉；系统成本也应该控制在低水平。

（5）具有容错能力，就是当用户输入错误数据时系统应具有处理这种错误的能力，而不是简单地退出甚至崩溃。

2. 灵活性。

（1）考虑用户的素质层次性，应该提供用户说明、用户指引、用户手册、帮助文档等资料，灵活地让用户快速上手。

（2）提供不同的系统响应信息。根据用户操作的熟练程度，系统提供的信息应有繁简之分。

（3）提供根据用户需求定制和修改界面的功能。

3. 界面的复杂性与可靠性。复杂性指界面规模及组织的复杂程度，应该越简单越好；可靠性指无故障使用的时间间隔。用户界面应该能够保证用户正确、可靠地使用系统，并保证程序、数据的安全。

应用程序的界面一般分为以下三种：

①字符界面。如在 Windows 命令提示符下运行的很多应用都采用的字符界面。

②图形用户界面。如常用的办公软件都有漂亮的图形用户界面。

③无交互界面。很多系统级服务应用都是没有交互界面的。

软件开发者应根据应用的需要来确定使用哪种界面。

二、用户界面设计的基本原则

用户界面设计受人为影响特别大，UI 设计人员往往会根据自己的喜好和常识安排界面、操作、颜色搭配，很多情况下不一定满足用户的要求。

用户界面设计的一条总原则就是：以人为本，以用户体验为准。具体来说有以下界面设计原则。

1. 用户界面设计原则。基于本平台开发的应用软件应坚持图形用户界面（GUI）设计原则：

（1）界面直观、对用户透明：用户接触软件后对界面上对应的功能一目了然，不需要太多培训就可以方便地使用本应用系统。

（2）始终强调软件用户是所有处理的核心：用户界面应当由用户来控制应用如何工作、如何响应，而不是由开发者按自己的意愿把操作流程强加给用户。

2. 一般交互原则。应用软件的一般交互遵循以下原则：

（1）一致性：菜单选择、数据显示以及其他功能都应使用一致的格式。

（2）提供有意义的反馈。

（3）执行有较大破坏性的动作前要求确认。

（4）在数据录入上允许取消大多数操作。

（5）减少在动作间必须记忆的信息数量。

（6）允许用户非恶意错误，系统应保护自己不受致命操作的破坏。

（7）按功能对动作分类，并按此排列屏幕布局，设计者应提高命令和动作组的内聚性。

（8）提供语境相关的帮助机制。

3. 信息显示原则。系统的应用软件信息显示遵循以下原则：

（1）只显示与当前用户语境环境有关的信息。

（2）不要用数据将用户包围，使用便于用户迅速吸取信息的方式表现信息。

（3）使用一致的标记、标准缩写和可预测的颜色，显示信息的含义应该非常明确，用户不必再参考其他信息源。

（4）产生有意义的出错信息。

（5）使用缩进和文本来辅助理解。

（6）使用窗口分隔/控件分隔不同类型的信息。

（7）高效地使用显示器的显示空间。

4. 数据输入原则。系统的应用软件数据输入遵循以下原则：

（1）尽量减少用户输入动作的数量。

（2）维护信息显示和数据输入的一致性。

（3）交互应该是灵活的，对键盘和鼠标输入的灵活性提供支持。

（4）在当前动作的语境中使用不合适的命令不起作用。

（5）让用户控制交互流，用户可以跳过不必要的动作、改变所需动作的顺序、在不退出的情况下从错误状态中恢复。

（6）为所有输入的动作提供帮助。

（7）消除冗余输入。可能的话提供缺省值，绝不要让用户提供程序中可以自动获取或计算出来的信息。

5. 系统响应时间规范。系统响应时间包括两个方面：时间长度和时间的易变性。

系统响应时间应该适中，系统响应时间过长，用户就会感到不安和沮丧，而响应时间过短有时会造成用户加快操作节奏，从而导致错误。

【例4.4】在科研系统响应时间上坚持如下原则：

表4.2　响应时间长度

响应时间长度	界面设计
0～5 秒	鼠标显示成为沙漏
5～10 秒	由微帮助（Hint）来显示处理进度
10 秒以上	显示处理窗口或显示进度条
一个长时间的处理完成时	应给予完成警告信息

表4.3　响应时间易变性

响应时间易变性	界面设计
用户感觉不到	不考虑
用户稍微感觉到	由微帮助（Hint）提供易变性说明
易变性大而时间绝对差别大	显示易变性提示

6. 用户帮助设施规范。常用的两种用户帮助设施规范：集成的和附加的。

集成的帮助设施一开始就是设计在软件中的，它与语境有关，用户可以直接选择与所要执行操作相关的主题。通过集成帮助设施可以缩短用户获得帮助的时间，增加界面的友好性。

附加的帮助设施是在系统建好以后再加进去的。它通常是一种查询能力比较弱的联机帮助。

应用软件为提供这两种帮助设施，在设计和实现时要遵循以下规范：

（1）进行系统交互时，提供部分帮助功能，即提供主要操作的帮助。

（2）用户可以通过帮助菜单、F1 键和帮助按钮（如果有的话）访问帮助。

（3）表示帮助时根据需要提供三种方式的选择：另一个窗体、微帮助和指出参考某个文档。

（4）用户回到正常交互方式有两种选择：返回键和功能键。

（5）帮助信息的构造：采用分层式帮助。

（6）微帮助提供：由状态栏提供，或控件上的提示文本。

7. 出错信息和警告规范。出错信息和警告是指出现问题时系统给出的提示消息。对于出错信息和警告应用软件应该遵循以下规范：

（1）信息以用户可以理解的术语描述。

（2）信息应提供如何从错误中恢复的建设性意见。

（3）信息应指出错误可能导致哪些不良后果，以便用户检查是否出现了这些情况或帮助用户进行改正。

（4）信息应伴随着视觉上的提示，如特殊的图像、颜色或信息闪烁。

（5）信息不能带有批判色彩，即任何情况下不能指责用户。

任务五　掌握数据库设计

任务描述

如何进行系统项目的数据库设计？

核心知识

数据库设计是概要设计阶段的重要任务之一，合理的数据库设计可以减少数据冗余和节省存储空间，同时也加快了数据的读取和操作速度，能够提升整个系统的性能。

通过对目前业务需求的分析，导出准确严格的数据项定义、数据项之间的关系和数据操作任务，为数据库的概念设计、逻辑设计、物理设计和分布设计建立坚实的基础，为优化数据库的结构提供可靠的依据。现行系统分析可分为两个阶段，一是分析现行系统的组织结构、业务流程和数据流程，明确认识现行系统的功能和所需信息；二是在第一阶段的基础上，抽象出现行系统的逻辑模型。

按照规范设计的方法，考虑数据库及其应用系统开发全过程，数据库设计可分为六个阶段，依次为：需求分析、概念结构设计、逻辑结构设计、物理结构设计、数据库实施、数据库的运行和维护。数据库逻辑设计是整个数据库设计的前半部分，包括所需实体和关系、实体规范化等工作。数据库设计的后半部分是数据库的物理设计，包括选择数据库产品，确定数据库实体属性（字段）、数据类型、长度、精度、DBMS

页面大小等。

【例 4.5】科研管理系统的模型图和部分数据表情况。

1. 设计标准

（1）表名定义标准：

表的命名规则为：功能模块_表的拼音首字母缩写。

（2）域名的定义标准：

域的描述：该域的简单描述，使用中文拼音首个字母。

域的数据类型：特定的域数据类型（Numeric，Varchar2，Date，Clob，Blob）。例如：XXMC varchar2（20）指该域名是学校名称，类型是 varchar2，长度是 20。

（3）索引名定义标准：

IDX_<Table name>_<Other symbol>

（4）序列名定义标准：

<Table name>_SEQ

2. 数据库逻辑结构

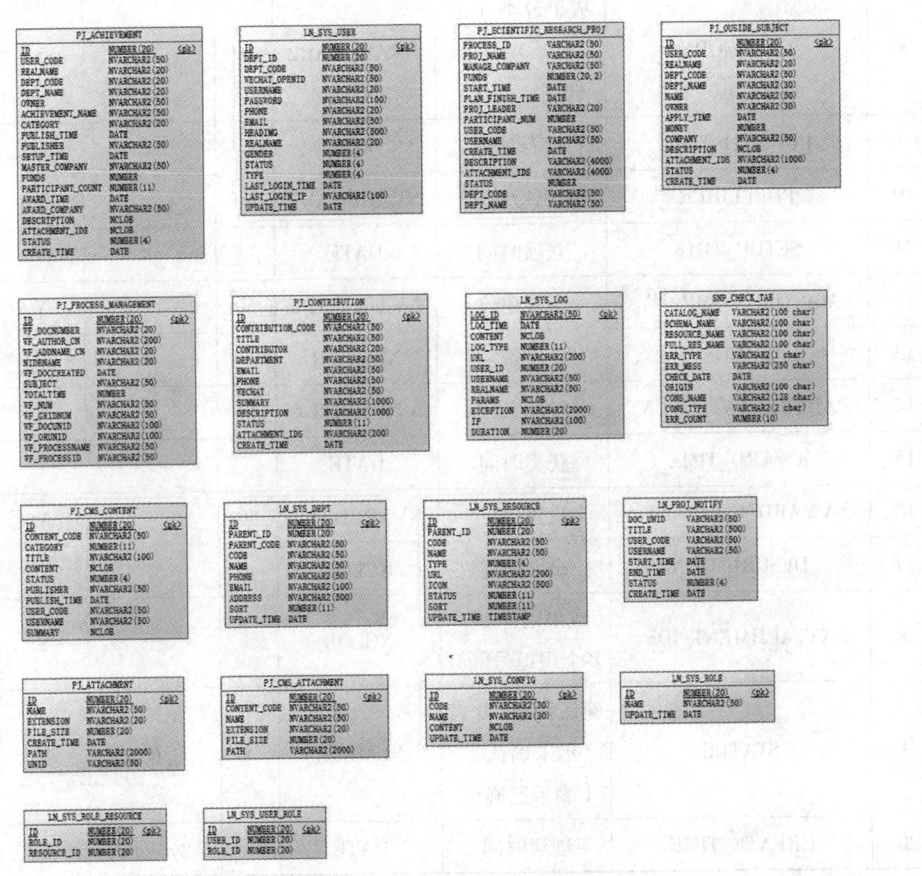

图 4.8 科研管理系统的全部数据表

3. 科研管理系统部分表结构说明

（1）科研成果（PJ_ACHIEVEMENT）。

表4.4 科研成果表

序号	信息项名	中文简称	类型	长度	主键	可否空	说明
1	ID	自增主键	NUMBER	20	是	N	
2	USER_CODE	用户编号	NVARCHAR2	50		N	
3	REALNAME	用户姓名	NVARCHAR2	20		N	
4	DEPT_CODE	部门编号	NVARCHAR2	20		Y	
5	DEPT_NAME	部门名称	NVARCHAR2	20		Y	
6	OWNER	姓名	NVARCHAR2	50		Y	
7	ACHIEVEMENT_NAME	成果名称	NVARCHAR2	50		Y	
8	CATEGORY	成果分类（论文、项目、课题、其他）	NVARCHAR2	20		Y	
9	PUBLISH_TIME	发表时间	DATE			Y	
10	PUBLISHER	出版社	NVARCHAR2	50		Y	
11	SETUP_TIME	立项时间	DATE			Y	
12	MASTER_COMPANY	主管单位	NVARCHAR2	50		Y	
13	FUNDS	经费	NUMBER		0	Y	
14	PARTICIPANT_COUNT	参与人数	NUMBER	11	0	Y	
15	AWARD_TIME	获奖时间	DATE			Y	
16	AWARD_COMPANY	授奖单位	NVARCHAR2	50		Y	
17	DESCRIPTION	成果描述	NCLOB			Y	
18	ATTACHMENT_IDS	成果附件id，多个用逗号隔开	NCLOB			Y	
19	STATUS	确认状态，0表示未确认，1表示已确认	NUMBER	4	0	Y	
20	CREATE_TIME	创建时间	DATE		sysdate	Y	

（2）内容发布（PJ_CMS_CONTENT）。

表4.5 内容发布表

序号	信息项名	中文简称	类型	长度	主键	可否空	说明
1	ID	自增主键	NUMBER	20	是	N	
2	CONTENT_CODE	内容编号	NVARCHAR2	50		Y	
3	CATEGORY	分类（1通知公告、2动态消息、3期刊信息、4学术活动）	NUMBER	11		N	
4	TITLE	标题	NVARCHAR2	100		N	
5	CONTENT	内容	NCLOB			Y	
6	STATUS	状态，0表示未提交审批，1表示审批中，2表示审批通过，3表示审批不通过	NUMBER	4		N	
7	PUBLISHER	发布机构	NVARCHAR2	50		Y	
8	PUBLISH_TIME	发布时间	DATE			Y	
9	USER_CODE	创建人编号	NVARCHAR2	50		Y	
10	USERNAME	创建人姓名	NVARCHAR2	50		Y	
11	SUMMARY	学术活动总结	NCLOB			Y	

（3）投稿（PJ_CONTRIBUTION）。

表4.6 投稿表

序号	信息项名	中文简称	类型	长度	主键	可否空	说明
1	ID	自增主键	NUMBER	20	是	N	
2	CONTRIBUTION_CODE	稿件编号	NVARCHAR2	20		N	
3	TITLE	稿件名称	NVARCHAR2	50		N	
4	CONTRIBUTOR	投稿人姓名	NVARCHAR2	50		Y	

续表

序号	信息项名	中文简称	类型	长度	主键	可否空	说明
5	DEPARTMENT	投稿人单位	NVARCHAR2	50		Y	
6	EMAIL	投稿人邮箱	NVARCHAR2	50		Y	
7	PHONE	投稿人手机	NVARCHAR2			Y	
8	WECHAT	投稿人微信号	NVARCHAR2			Y	
9	SUMMARY	摘要	NVARCHAR2			Y	
10	DESCRIPTION	稿件描述	NVARCHAR2			Y	
11	STATUS	状态，0 表示未处理，1 表示已处理	NUMBER		0	Y	
12	ATTACHMENT_IDS	附件 id，多个用逗号隔开	NVARCHAR2			Y	
13	CREATE_TIME	投稿时间	DATE		sysdate	Y	

任务六　制作概要设计说明书和评审

任务描述

查看《计算机软件产品开发文件编制指南》（GB/T8567-1988），列出科研管理系统概要设计说明书的框架结构。

核心知识

概要设计说明书是软件项目在概要设计阶段的工作成果，它应说明软件项目的功能分配、模块划分、程序的总体结构、输入输出及接口设计、运行设计、数据结构设计和出错处理设计等，只有概要设计阶段的成果通过评审才能进入详细设计阶段。

一、概要设计说明书

概要设计完成后，这一阶段应该交付的文件主要有：
- 概要设计说明书
- 数据库/数据结构设计说明书
- 集成测试计划

概要设计说明书是概要设计的最后成果，编制的目的是使软件开发者在需求分析的基础上对系统开发的整体内容达到共同的理解，包括目标系统的基本处理流程、组织结构、模块划分、功能分配、接口设计、数据结构设计和出错处理设计等，是目标系统详细设计的基础。概要设计的内容框架大体如下：

1 引言	3.3 内部接口
1.1 编写目的	4 系统数据结构设计
1.2 背景	4.1 运行模块组合
1.3 定义	4.2 运行控制
1.4 参考资料	4.3 运行时间
2 总体设计	5 系统数据结构设计
2.1 设计目标	5.1 逻辑结构设计要点
2.2 运行环境	5.2 物理结构设计要点
2.3 结构体系	5.3 数据结构与程序的关系
2.4 功能结构	6 系统出错处理设计
2.5 功能需求与系统模块的关系	6.1 出错信息
2.6 人工处理过程	6.2 补救措施
2.7 尚未解决的问题	6.3 系统维护设计
3 接口设计	7 安全保密设计
3.1 用户接口	8 维护设计
3.2 外部接口	

【例 4.6】科研管理系统概要设计说明书的部分内容。

1. 引言

1.1 编写目的

本说明书是科研管理系统规划和建设的依据，本说明书给出管理系统的设计说明，包括最终实现的软件必须满足的功能、性能、接口和用户界面、附属工具程序的功能以及设计约束等。

1.2 背景

科研管理系统主要是将学校科研处相关业务从日常的手工纸质流程转化为网上信息化的方式进行处理，通过信息化的手段实现并且优化现有的科研管理流程。通过本系统能够大大降低日常科研业务运行成本，提高相关人员工作效率，并能够使得科研系统作为整个数字校园的有机整体的一部分。根据某职业学院科研处提出的具体需求，对学校科研业务整体功能需求进行描述和分析，帮助开发人员和测试人员了解客户具体需求。本系统主要关注的是科研处的科研管理相关业务部分，可能也有部分业务会涉及其他系。

1.3 定义

序号	术语名称	术语定义
1	总体结构	软件系统的总体逻辑结构。按照不同的设计方法,有不同的总体逻辑结构。若采用传统的面向功能或面向数据的结构化设计方法,则总体逻辑结构为树形的功能模块结构图。若采用时尚的面向对象或面向部件(组件)的设计方法,则总体逻辑结构为部件(组件)的组装图。
2	接口	本软件系统与其他软件系统或硬件之间的接口分为软件接口和硬件接口两种,接口设施可以是中间件。接口描述包括:传输方式、带宽、数据结构、传输频率、传输量(兆/秒)、传输协议。
3	数据结构	数据库结构包括:关系数据库表的结构、对象数据库表的结构、变量说明。
4	流程图	流程图是由一些图框和流程线组成的,其中图框表示各种操作的类型,图框中的文字和符号表示操作的内容,流程线表示操作的先后次序。
5	模块	具有功能独立、能被调用的信息单元叫模块。模块是结构化设计中的概念。
6	部件(组件)	具有功能独立、能被调用的且已包装的信息单元叫部件(组件),部件是面向对象设计中的概念。

1.4 参考资料

GB8566—88《计算机软件开发规范》

GB8567—88《计算机软件产品开发文件编制指南》

GB/T 12504 计算机软件质量保证计划规范

GB/T 11457 软件工程术语

2. 总体设计

2.1 设计目标

科研管理系统目标:

- 建设后科研数据实现数据实时性、唯一性、标准性目标;
- 建设后解决科研信息孤岛问题;
- 建设后满足科研项目管理信息化问题;
- 建设后科研系统提供信息发布与查询功能。

2.2 运行环境

2.2.1 设备

数据库服务器	应用服务器	网络配置	客户端
机架式服务器	机架式服务器	1000M / 100M	双核电脑以上
内存4G以上	内存4G以上		内存4G以上
硬盘300GB	硬盘300GB		硬盘1G以上

续表

数据库服务器	应用服务器	网络配置	客户端
1000M 网卡	1000M 网卡		100M/10M 网卡

2.2.2 支持软件

服务器操作平台：Windows 系列/LINUX

Web 服务器：Tomcat 8.5 及以上

客户端：IE 10.0 及以上、Chrome、FireFox、360 浏览器

网络环境：Intranet 与 Internet

支持协议：HTTP

数据库：Oracle

支撑环境：JDK1.8 及以上

开发工具：Idea

设计工具：Rose 2003、Visio 2007

管理工具：Git

2.2.3 控制

本系统采用 B/S 体系架构，服务器采用 Tomcat 8.5，运行只需在服务器端启动
Web 服务，客户端运行 Web 浏览器，在地址栏输入访问服务器端地址和端口，即可
运行。

2.3 结构体系

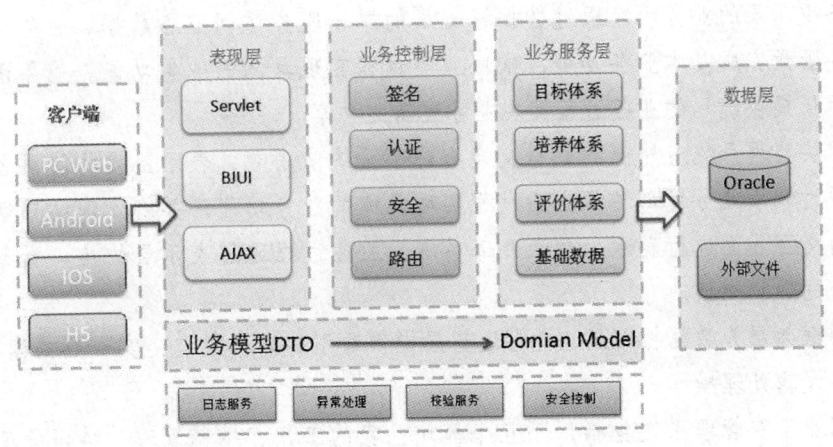

图 4.9　系统结构体系

客户端（Client Tier）：客户端指的是访问应用的 web 浏览器终端，通过 web 浏览
器来访问学院管理系统。

表现层（Presentation Tier）：表现层接收客户端的 HTTP 请求，提供系统登录、会话管理、访问控制、数据封装和交易分发等功能。

业务控制层（Usecase Controller Tier）：对表示层发来的数据格式进行检查判断，根据不同的业务将数据分配到不同的业务处理服务进行处理。

业务服务层（Business Service Tier）：业务层是 J2EE 构架的核心层，它接收展示层分发的交易请求，完成业务逻辑的具体实现。对不同的业务数据进行处理，处理完成后，将处理结果返回表现层。

数据层（Resource Tier）：数据层主要指数据库、文件系统和外部系统。该层采用的产品遵循总行信息技术管理部对数据库等软件产品的统一规定。本系统采用 ORACLE 11g 作为数据库系统。

2.4 功能结构

某职业学院科研管理系统展示整个高校的科研信息、稿件信息、内容信息发布等信息，代码集是整个系统的公用模块，分为代码编号和代码名称以及代码描述，其他模块引用代码集时，一般是引用代码编号，通过关联查询的方式匹配代码名称，从而更好地实现解耦作用。

某职业学院科研管理系统分为表示层、业务逻辑层、数据核心层三层，其中业务逻辑层、数据核心层依赖于核心架构层约束。

数据核心层的服务子层向业务逻辑层提供统一、规范的原子服务，屏蔽业务数据的存储、组织和访问的细节，实现业务数据的充分共享。业务逻辑层必须通过原子服务访问业务数据。

业务逻辑层的业务函数通过数据核心层的原子服务访问业务数据。业务过程通过调用业务函数完成基本业务功能，依照业务过程实现具体的业务功能。业务逻辑层通过向表示层提供统一的业务过程实现业务逻辑的共享。

表示层实现系统与外部的数据交换。对于系统使用者，表示层接收使用者的数据输入，通过调用业务逻辑层的业务过程实现具体的业务功能，并将处理结果返回表示层，利用交互界面进行表示。对于外部系统，业务过程通过表示层的接口服务完成与外部系统的数据交换。

核心框架层为数据核心层、业务逻辑层提供通用的操作接口，实现数据读取操作、通用业务逻辑处理操作。

某职业学院管理系统包括以下几个模块：我的工作、投稿管理、科研管理、内容管理、系统管理。系统的功能结构框图如图 4.10：

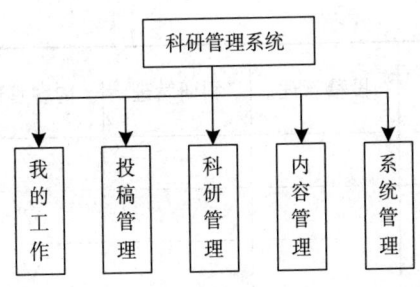

图 4.10 科研管理系统功能结构框图

我的工作模块包括我的待办、我的已办、流程中心、我申请的。我的工作支持数据同步和数据录入两种方式的管理。

投稿管理模块提供所有投稿。

科研管理模块包括科研成果、院外课题、科研项目等。其中科研成果包含了添加成果、我的成果、所有成果；院外课题包含所有课题、我的课题、添加课题；科研项目包含我的申报、所有申报。

内容管理模块包括学术活动、期刊信息、动态消息、通知公告。

系统管理模块提供用户管理、角色管理、部门管理和菜单管理功能。

2.5 功能需求与系统模块的关系

功能 \ 模块	我的工作	投稿管理	科研管理	内容管理	系统管理
我的待办	√				
我的已办	√				
流程中心	√				
我申请的	√				
所有投稿		√			
添加成果			√		
我的成果			√		
所有成果			√		
所有课题			√		
我的课题			√		
添加课题			√		
我的申报			√		
所有申报			√		

续表

模块 功能	我的工作	投稿管理	科研管理	内容管理	系统管理
学术活动				√	
期刊信息				√	
动态消息				√	
通知公告				√	
用户管理					√
角色管理					√
部门管理					√
菜单管理					√

……

3. 接口设计

3.1 用户接口

在用户界面部分，根据需求分析的结果，用户需要一个用户友善界面。在界面设计上，应做到简单明了，易于操作，并且要注意到界面的布局，应突出地显示重要以及出错信息。外观上也要做到合理化，考虑到用户多数是学校领导，应尽量以简洁、清晰的界面展示。在设计语言上，使用 JAVA 进行编程，在界面上可使用 WEB 所提供的可视化组件。其中界面要做到操作简单，易于管理。在设计上采用下拉式菜单方式，在出错显示上可调用 VISUAL C++ 库中的错误提示函数。

总的来说，系统的用户界面应做到可靠性、简单性、易学习和使用。

3.2 外部接口

3.2.1 软件接口

服务器程序可使用 jdbc 提供的对 POSTGREA 的接口，进行对数据库的所有访问。在网络软件接口方面，使用一种无差错的传输协议，采用滑动窗口方式对数据进行网络传输及接收。我们将对服务器的接口配置统一放置在"系统安装目录\WEB-INF\default-config.xml"文件中，客户可以根据需要更改 jdbc 连接类型、数据库类型、数据库用户密码、全局设定等。

3.2.2 硬件接口

在输入方面，对于键盘、鼠标的输入，可用 java.io 的标准输入/输出，对输入进行处理。在输出方面，打印机的连接及使用，也可用 java.io 的标准输入/输出对其进行处理。在网络传输的网络硬件部分，为了实现高速传输，将使用高速 100M 以太网络。

3.3 内部接口

内部接口方面，各模块之间采用函数调用、参数传递、返回值的方式进行信息传递。具体参数的结构将在数据结构设计的内容中说明。接口传递的信息将是以数据结构封装了的数据，以参数传递或返回值的形式在各模块间传输。

4. 系统数据结构设计

详情请见《某职业学院科研管理系统—数据库设计.dox》说明文档。

......

6. 系统出错处理设计

系统出现故障或错误，按模块记录错误日志，并提示用户，方便分析错误和维护；数据库系统容错：数据库系统定期备份由数据库服务器自身的容错系统解决。

根据业务需要，定义成两大类型的异常：

BizException：弹出框或页面上方信息提示，可以保持原来页面所显示的内容。

RollbackableBizException：数据库回滚异常，并给出相应的提示。

抛出到页面提示用户进行处理或直接在 Backing Bean 跟进不同的错误类型作出不同形式的错误展示方式。

各个模块定义不同的模块异常，抛出到 Backing Bean 进行统一处理。

数据层 Exception 统一由业务逻辑层进一步进行处理。

6.1 出错信息

所有出错信息均以字符串的方式，在弹出式窗口中显示。所有出错信息分为三种：一是由于输入错误信息超出或不符合预定格式的错误，属于处理错误。二是由于系统的预设不能执行的错误，属于设定错误。三是由于网路传输超时、服务器响应超时等，属于系统错误。

对于处理错误，需在操作成功判断及输入数据验证模块由数据进行数据分析，判断错误类型，再生成相应的错误提示语句，送到输出模块中。

对于设定错误，应在开始提交信息类别中，依据权限等判定错误类别，再生成相应出错信息语句，输出到输出模块中。

对于系统错误，根据服务器的响应内容，判断错误类别输出。

出错信息必须给出相应的出错原因。详情见下表：

故障情况	系统输出信息的形式	系统输出信息的含义	处理方法
登录错误	弹出对话框提示	账号或密码或考号错误	重新输入账号、密码
录入空数据	输入的文本框会有红色的标志并有问题提示	数据不能为空	重新输入正确数据

续表

故障情况	系统输出信息的形式	系统输出信息的含义	处理方法
录入无效数据	弹出对话框提示	编号或者名称已存在	重新输入正确数据
数据库连接异常	驱动程序有错	没有连接数据源	连接数据源
数据类型与数据库设定不一致	数据类型不匹配	数据类型出错	转换数据类型，使其符合数据库设定
访问数据库语句有错	访问语句有错	语句错误	修改访问语句

6.2 补救措施

所有的服务器都必须安装不间断电源以防止停电或电压不稳造成的数据丢失。若出现断电，客户机上将不会有太大的影响，主要是服务器上：在断电后恢复过程可采用数据库的备份文件，对其进行 ROLLBACK 处理，对数据进行恢复。

在网络传输方面，可考虑建立一条成本较低的后备网络，以保证当主网络断路时数据的通信。在硬件方面要选择较可靠、稳定的服务器机种，保证系统运行时的可靠性。

6.3 系统维护设计

维护方面主要为对服务器上的数据库进行维护，可使用及时或者定期备份机制。例如，定期为数据库进行 Backup，维护管理数据库死锁问题和维护数据库内数据的一致性等。

在系统中专门设置用于系统检查与维护的检测点和专用模块，尽可能地降低系统维护工作量。系统前台应用的界面风格要保持一致，提示信息要明确。软件编码风格要一致，有详细注释，保证代码易读易懂，以便于系统维护。要求提供完备的设计文档、用户手册、安装文档、在线和联机帮助文档，为系统地维护提供有效的帮助和指导。系统发生变化后要及时更新相关文档。

7. 安全保密设计

7.1 系统安全体系

整个系统的安全取决于系统运行物理环境的安全性、服务器及网络的安全性、操作系统的安全性、应用系统的安全性及应用数据的安全性等，通过设计实施整体的安全策略，对安全策略的实施结果进行评估，及时采取修复补救措施，调整安全预防策略，综合动态地进行系统安全管理。

科研管理系统的信息数据安全主要实现在业务流程控制和代码的详细设计中，对系统权限的设计应充分考虑整体策略安全性。

由于本系统建立在现有的物理环境和网络环境中，环境安全性很好，并将不断完善优化，因此，有关本系统的安全设计的主要对象是系统自身的应用安全、数据安全、服务器操作系统和数据库的安全管理。

7.2 系统面临的安全威胁

本系统需要考虑系统及数据可能面临的以下安全威胁：

非人为因素：服务器意外断电、损坏、硬盘出错或损坏、网络中断等；

人为因素：操作失误、恶意攻击、病毒破坏等；

信息泄露、信息窃取、假冒、抵赖等；

系统软件安全漏洞。

7.3 系统安全方案

针对上述安全威胁，系统的安全运行依赖网络和服务器系统的安全，系统本身需要设计相应的安全监控功能。

7.4 服务器及客户端系统安全

对于数据库系统，应进行相应的安全配置维护管理，根据实际情况及时进行安全策略调整，定期进行数据库系统的有关备份。

由于客户端计算机用途很开放，很容易受到病毒感染、恶意攻击等，可能会进一步影响到服务器，因此，对客户端计算机也要采取安全措施，进行相应的安全配置管理，如设置有效的系统密码，设置较高的浏览器级别，及时打补丁，安装反病毒程序，定期查杀病毒，根据实际情况及时采取安全措施。

7.5 应用系统安全

身份认证：使用统一身份认证体系进行身份认证。

用户权限控制：系统提供用户角色权限管理功能模块。

7.6 安全管理和权限制度设计

明确系统的安全管理机构/部门、人员及职责，负责管理系统安全保密工作。制定系统安全保密管理制度，并严格加以执行及监督，实现资源的合理配置和统一管理，实现统一的访问控制策略，确保系统的安全运行、安全审查。

在外部安全上，企业级的防火墙可以为本系统提供一个安全的运行环境。

在系统内部，本系统用户、机构、角色、权限根据实名制层级设置，提高系统数据操作的安全保护。

……

二、概要设计评审

概要设计评审主要解决软件的顶层设计和需求设计的可追溯性，由开发单位领导、各部门相关人员、评审专家、项目负责人、软件测试人员组成一个评审小组，通过阅读和讨论概要设计的内容，对概要设计进行评审。以需求规格说明书、概要设计说明书、数据库设计说明书、初步用户手册和初步测试计划等文档作为评审依据，对概要设计阶段的系统目标、总体设计、数据设计、处理方式、接口设计、运行设计、出错设计等进行审查，审查是否有错误存在。评审结束后，形成《概要设计评审报告》。若发现的错误较多，或发现重大错误，则在改正后，再次组织概要设计评审。

表4.7是概要设计检查表。评审的结果将产生问题记录、评审项目列表和评审意见记录。

表4.7　概要设计检查表

序号	检查项	是/否/不合适
	清晰性	
1	文档结构是否清晰，组织是否合理？	
2	文档结构是否便于维护和修改？	
3	设计是否易于理解？	
4	各模块之间的关系是否描述得清楚？	
5	是否清晰地描述了数据流程、控制流程和接口？	
	完整性、正确性	
6	是否定义了目标？	
7	是否记录了与本设计文档相关的假设、约束、决议、依赖？	
8	设计在进度、预算和技术上是否可行？	
9	所选的设计或算法是否满足模块的需求？	
10	是否有一些必要的数据结构没有定义？或定义了一些不必要的数据结构？	
11	是否对数据元素进行了充分的描述？说明了有效的数据范围？	
12	是否对共享和存储数据的管理和使用进行了明确的描述？	
13	是否说明了数据结构与系统模块之间的关系？	
14	此设计是否能为详细设计提供充分的基础？	
15	是否每一个设计都是可测试的或以别的方式可以确定的？	
16	设计是否考虑到未来的扩充性？	
17	设计的系统是否易于维护？	
18	是否对性能参数进行了说明？（如实施约束、内存大小、速度要求等）	
	一致性	
19	在整个设计中，对数据元素、程序、功能的命名是否保持一致？	
20	设计是否反映了真实的运行环境，包括软件和硬件？	
21	对模块的说明是否与软件需求文档中的功能要求相一致？	

续表

序号	检查项	是/否/不合适
22	是否所有的设计元素都可追踪回需求?	
	接口	
23	是否对接口的功能特征进行了描述?	
24	接口是否便于问题的解决?	
25	是否所有的接口间相互一致,并和其他模块及需求相一致?	
26	是否所有接口都提供了要求的类型,并和其他模块及需求相一致?	
27	是否对接口的数量和复杂度进行了权衡,是否接口的数量少并且复杂程度可以接受?	
28	用户接口是否进行了描述?	
29	用户接口是否模块化,并且修改时不影响其他程序?	
	可维护性、可靠性	
30	设计是模块化的吗?	
31	模块具有高内聚低耦合吗?	
32	设计中是否提供了对错误的检测和恢复的设计?	
33	是否考虑了异常情况?	
34	错误条件描述得是否完整、准确?	
35	设计是否满足系统完整性要求?	
36	是否符合相关的法律法规?	

任务七　实验实训

1. Office Visio 2010 是便于 IT 和商务专业人员就复杂信息、系统和流程进行可视化处理分析和交流的软件。使用 Visio 可绘制多种图表,包括业务流程图、软件界面图、网络图、工作流图表、数据库模型和软件图表等,是结构化方法分析和建模的常用工具。请下载并安装 Microsoft Visio 软件,熟悉该软件的界面和使用。

2. 实训项目——教师管理信息系统。

(1) 本系统包括教师基本信息管理、教师授课管理、教师考勤管理、教师工资管理等基本功能。

(2) 设计教师管理信息系统各模块之间的关系图。

（3）设计教师管理信息系统的数据结构，包括表名清单、各模块所用的数据表等。

（4）设计教师基本信息管理模块的概念数据模型（CDM）和物理数据模型（PDM）。

小结

本单元介绍了软件项目的概要设计过程，包括概要设计的基本内容、原理和工具。概要设计是以需求分析阶段的成果为基础开展的，概要设计的主要工作就是将复杂的问题划分为若干个子问题。如何将一个系统划分为多个子系统；每个子系统如何划分为多个模块；如何确定子系统之间、模块之间的联系和调用关系。

在概要设计阶段还需进行用户界面设计和数据库设计，撰写概要设计说明书，只有通过评审，概要设计阶段才能结束，进入项目研发的下一个环节。

软件项目的详细设计

任务一　了解详细设计的基市内容

任务描述

就科研管理系统，如何开展详细设计？

核心知识

详细设计是对概要设计的一个细化，就是在《概要设计说明书》的基础上对功能模块进行具体的描述，即详细设计每个模块实现算法所需的局部结构。在详细设计阶段，需要对所采用算法的逻辑关系进行分析，设计出全部必要的过程细节，并给予清晰的表达。

具体来说，概要设计过后就进入详细设计，详细设计也叫作程序设计，它不同于编码或编制程序，在详细设计阶段，要细化高层的体系结构设计，将软件结构中的主要部件划分为能独立编码、编译和测试的软件单元，并进行软件单元的设计，同时确定软件单元与单元之间的外部接口。要决定各个模块的实现方法，并精确地表达涉及的各种算法。

表达过程规格说明的工具叫作详细设计工具，它可以分为三类。

（1）图形工具。把过程的细节用图形的方式描述出来。

（2）表格工具。用一张表来表达过程细节，这张表列出了各种可能的操作及其相应条件，也就是描述了输入、处理和输出信息。

（3）语言工具。用某种高级语言（伪码）来描述过程细节。

详细设计过程中需要完成的工作主要是确定软件各个组成部分的算法以及各部分内部数据结构和确定各个组成部分的逻辑过程，此外，详细设计的基本任务还包括以下工作。

一、处理方式的设计

（1）数据结构设计。对于需求分析、总体设计确定的概念性的数据类型进行确切的定义。

（2）算法设计。用某种图形、表格、语言等工具将每个模块处理过程的详细算法描述出来，并为实现软件的功能需求确定所必需的算法，评估算法的性能。

（3）性能设计。为满足软件系统的性能需求确定所必需的算法和模块间的控制方式。性能主要有以下四个指标。

①周转时间。即一旦向计算机发出处理的请求后，从输入开始，经过处理，到输出结果为止的整个时间。

②响应时间。用户执行一次输入操作之后到系统输出结果的时间间隔，一般在系统设计中采用一般操作响应时间和特殊操作响应时间来衡量。

③吞吐量。单位时间内能够处理的数据量叫作吞吐量，这是标识系统能力的指标。

④确定外部信号的接收发送形式。

二、物理设计

对数据库进行物理设计，也就是确定数据库的物理结构。物理结构主要是指数据库存储记录的格式、存储记录安排和存储方法，这些都依赖于具体所使用的数据库系统。

三、可靠性设计

可靠性设计也叫质量设计，在使用计算机的过程中，可靠性是很重要的，可靠性不高的软件会使得运行结果不能使用而造成严重损失。软件可靠性，简而言之是指程序和文档中的错误少。软件可靠性和硬件不同，软件越使用可靠性就越高，但在运行过程中，为了适应环境的变化和用户新的要求，需要经常对软件进行改造和修正，这就是软件的维护。由于软件的维护经常产生新的故障，所以要求在软件开发期间就把工作做细，以期在软件开发一开始就明确其可靠性和其他质量标准。

四、其他设计

根据软件系统的类型还可能要进行以下设计。

（1）代码设计。为了提高数据的输入、分类、存储及检索等操作的效率，以及节约内存空间，对数据库中的某些数据项的值进行代码设计。

（2）输入/输出格式设计。针对各个功能，根据界面设计风格，设计各类界面的式样。

（3）人机对话设计。由于用户与计算机频繁对话，因此要进行对话方式内容及格式的具体设计。

五、编写详细设计说明书

详细设计说明书有下列主要内容。

（1）引言。包括编写目的、背景、定义、参考资料。

（2）程序系统的组织结构。

（3）程序1（标识符）设计说明。包括功能、性能、输入、输出、算法、逻辑流程、接口。

（4）程序2（标识符）设计说明。

（5）程序3（标识符）设计说明。

六、详细设计评审

在软件详细设计结束后必须进行详细设计评审，以评价软件设计说明书中所描述的基本功能、结构、算法是否正确。

概要设计和详细设计的区别在于，概要设计阶段是以比较抽象念的方式提出了解决问题的办法。而详细设计阶段的任务，是将解决问题的办法具体化，但这个阶段不是真正编写程序，而是设计出程序的详细规格说明。

详细设计是将概要设计的框架内容具体化、明细化，将概要设计转化为可以操作的软件模型。

任务二　认识详细设计阶段使用的工具

任务描述

画出用 PDL 写出的程序的 PAD 图。

```
WHILE P DO
IF   A>0 THEN
     A1
ELSE
     A2
END IF
IF B>0 THEN
   B1
IF C>0 THEN
     C1
```

```
        ELSE
            C2
    END IF
        ELSE
            B2
    END   IF
        B3
    ENDWHILE
```

核心知识

用来表示详细设计的工具主要包括图形工具（程序流程图、盒图、PAD 图）、表格工具（判定表）、语言工具（PDL）等。

一、程序流程图

程序流程图又称程序框图，是一种描述程序逻辑结构的工具，程序流程图中使用的箭头代表控制流而不是数据流。

在程序流程图中采用三种控制结构来实现单入口单出口的程序。他们分别是"顺序""选择""循环"。顺序控制结构主要用来构造实现过程的步骤，这些步骤是任意算法说明的基础。条件控制则提供按照某些逻辑发生选择处理的条件。循环控制结构提供循环处理。这三种控制结构是结构化程序设计的根本元素。

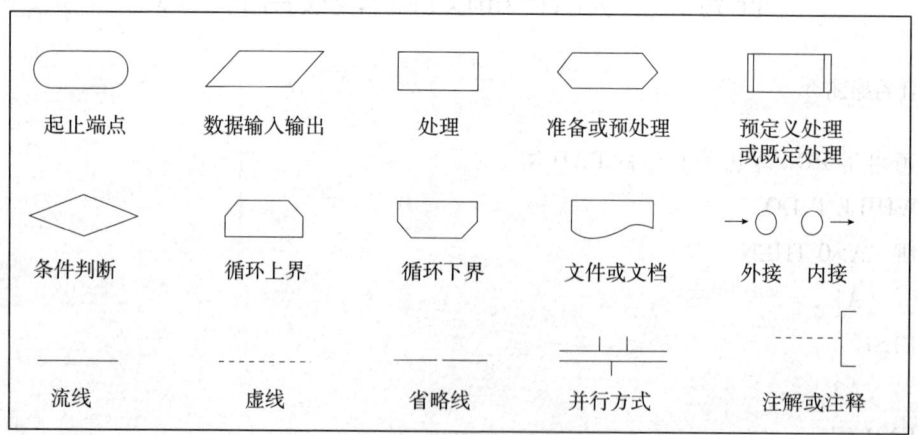

图 5.1　程序流程图的符号表示

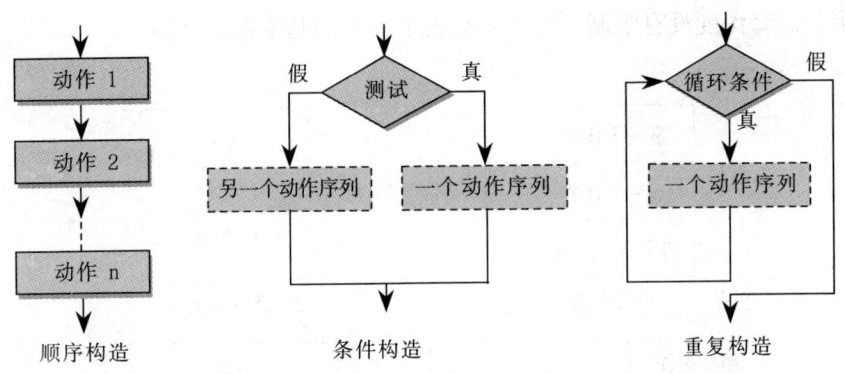

图 5.2　基本控制结构

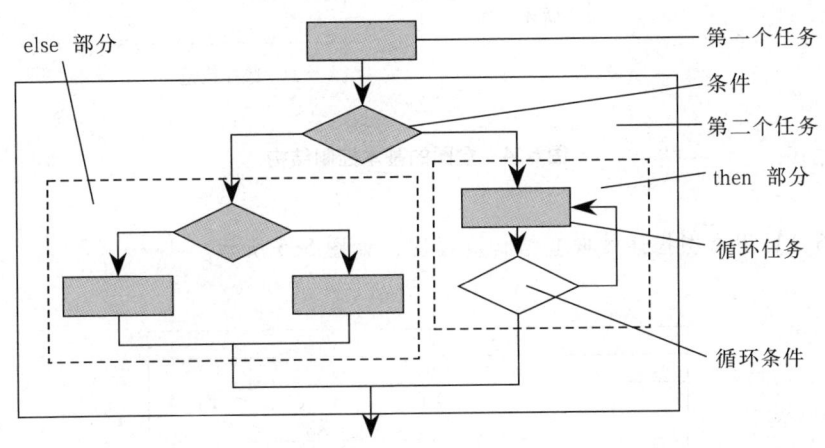

图 5.3　嵌套构造

　　顺序构造用两个方框和控制线（箭头）表示。

　　条件构造，即 if－then－else 构造，用菱形判断框表示，如果判断为真，就执行 then 部分的处理，如果判断为假，就执行 else 部分的处理。

　　重复构造用两种稍有不同的形式表示。

　　选择构造（或者说 select-case 构造）实际上是 if-then-else 构造的一种扩充。

　　程序流程图与系统流程图的区别在于：程序流程图以描述程序控制的流动情况为目的，表示程序中的操作顺序；系统流程图以描述信息在各部件间的流动为目的，表示系统的操作控制和数据流。

二、盒图

　　盒图（又称 N-S 图）是一种强制使用结构化构造的图示工具。每一个处理步骤都用一个盒子来表示，这些处理步骤可以是语句或语句序列。同样，在有需要时，可以嵌套使用，嵌套深度没有限制。图 5.4 给出了盒图的基本控制结构。

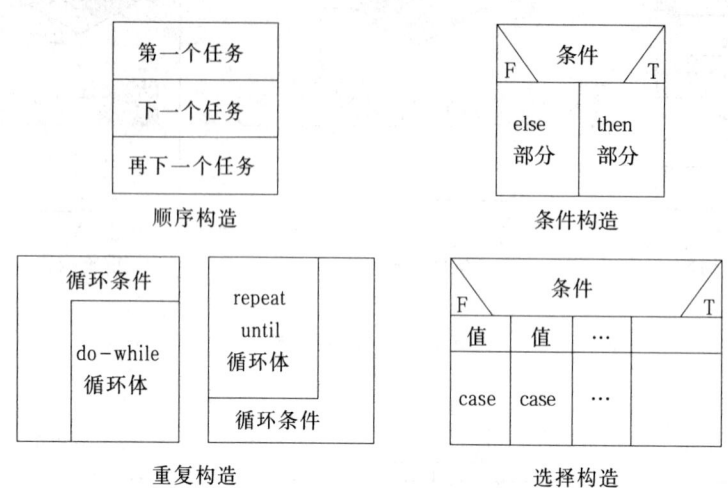

图 5.4　盒图的基本控制结构

【例 5.1】用盒图描述的嵌套结构流程图，如图 5.5 所示。

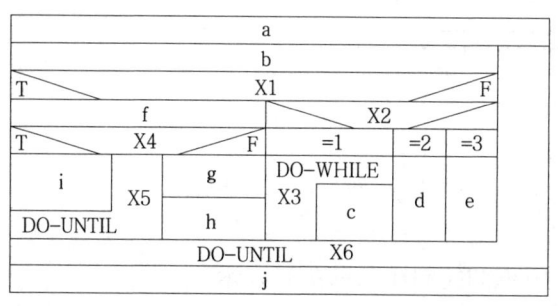

图 5.5　盒图

盒图具有下列特点：

（1）明确规定功能域（即某一具体构造的功能范围），并且能很直观地从图形表示中看出来。

（2）不能随意分支或转移。

（3）可以很容易地确定局部数据和全程数据的作用域。

（4）容易表示出递归结构。

三、PAD 图

PAD（problem analysis diagram，问题分析图）是一种用于软件详细设计的表达形式，它综合了流程图、Warnier 图、方块图和伪码等技术的一些特点，以二维树的形式描述程序的逻辑，其主要优点是程序结构清晰，能够直接导出程序代码。

PAD 可应用于 BASIC、FORTRAN、C 等高级语言。在软件需求分析和概要设计阶段，PAD 图是当前广泛使用的一种软件设计方法。PAD 采用自顶向下、逐步求精和结构化设计的原则，力求将模糊的问题解的概念逐步转换成确定的、详尽的过程。其基本的原理如图 5.6 所示。

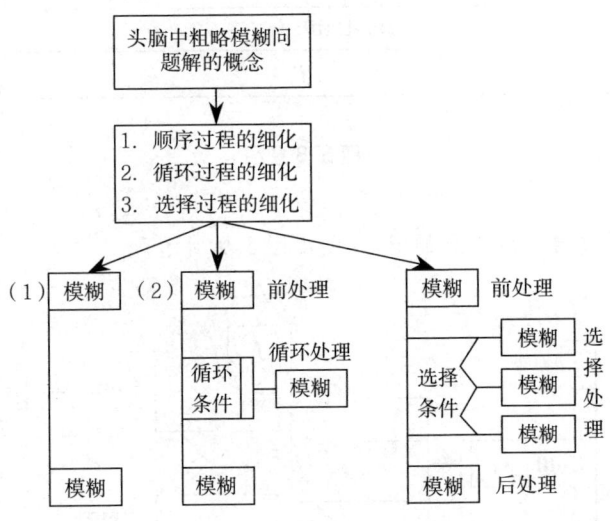

图 5.6　PAD 图的基本原理

PAD 图设置的五种基本控制结构如图 5.7 所示。

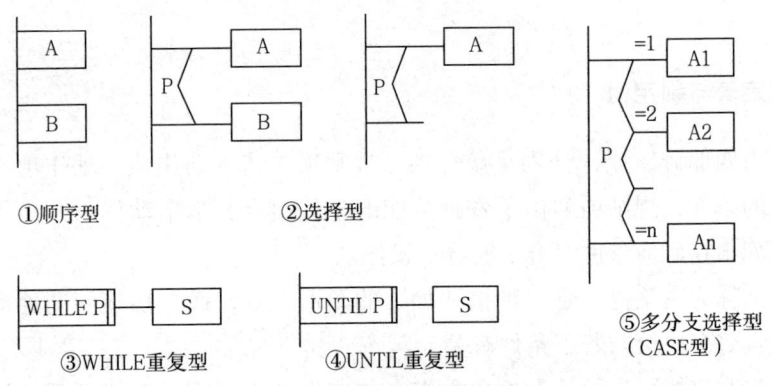

图 5.7　PAD 图的基本控制结构

【例 5.2】将盒图如图 5.8 转化为 PAD 图。

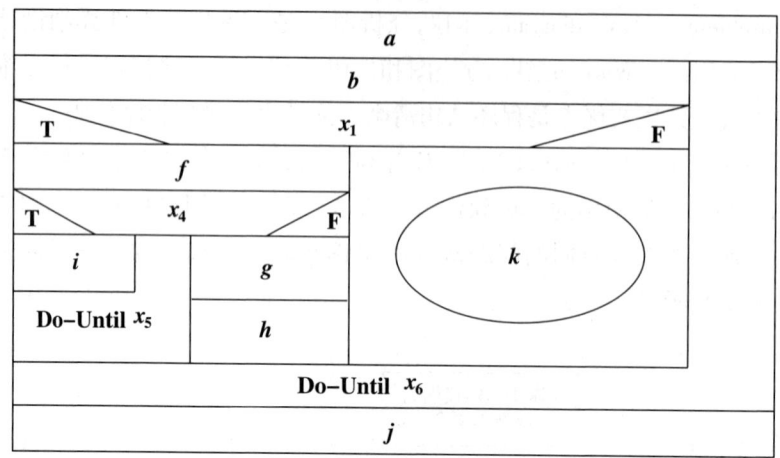

图 5.8 盒图

图 5.8 盒图通过转化后得到的 PAD 图如图 5.9 所示。

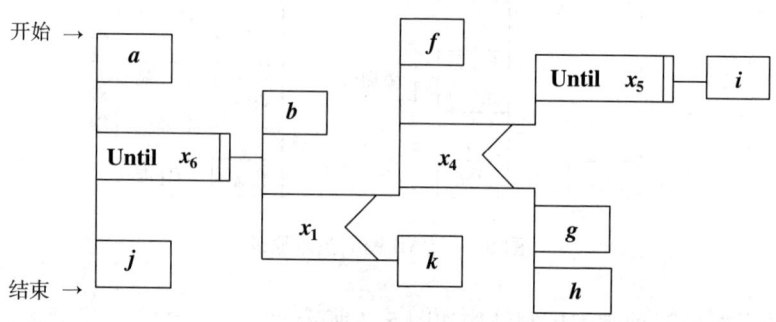

图 5.9 转化后的 PAD 图形

四、判定表与判定树

判定表由四部分组成，分别是条件项、规则项、基本动作项、动作项。条件项列出各种可能的条件，规则项列出了各种可能的条件组合，基本动作项列出了所有的操作，动作项列出在对应条件组合下所选的操作。

判定树又称为决策树，是一种描述加工的图形工具，适合描述问题处理中具有多个判断，而且每个决策与若干条件有关。

判定表与判定树可表示复杂的条件组合与应做动作之间的对应关系。但并不适用于作为一种通用的设计工具，通常用于辅助测试。

【例5.3】航空行李托运费的算法。

按规定：重量不超过30公斤的行李可免费托运。重量超过30公斤时，对超运部分，头等舱国内乘客收4元/公斤；其他舱位国内乘客收6元/公斤；外国乘客收费为国内乘客的2倍；残疾乘客的收费为正常乘客的1/2。

根据规定，可绘制出判定表如图5.10：

	规则数 →	1	2	3	4	5	6	7	8	9
条件	国内乘客		T	T	T	T	F	F	F	F
	头等舱		T	F	T	F	T	F	T	F
	残疾乘客		F	F	T	T	F	F	T	T
	行李重量 W≤30	T	F	F	F	F	F	F	F	F
动作	免费	×								
	(W-30)×2				×					
	(W-30)×3					×				
	(W-30)×4			×					×	
	(W-30)×6						×			×
	(W-30)×8							×		
	(W-30)×12								×	

图5.10　用判定表表示计算行李费的算法

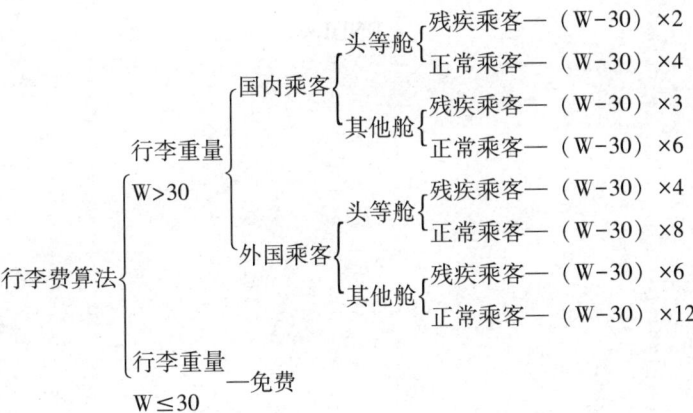

图5.11　用判定树表示计算行李费的算法

五、PDL 语言

（一）PDL 语言（过程设计语言）

PDL 是程序设计语言的缩写，也称为伪代码和结构化语言，用于书写软件设计规约，能输出复杂的页面和图形。PDL 具有如下特点：

（1）关键字有固定的语法，提供了结构化控制结构、数据说明和复杂的数据结构。

（2）自然语言的自由语法，它描述处理特点。

（3）数据说明的手段。包括简单的数据结构和复杂的数据结构。

（4）模块定义和调用的技术，提供各种接口描述模式。

（二）PDL 程序结构

1. 顺序结构。

采用自然语言描述顺序结构

处理 S1

处理 S2

……

处理 Sn

2. 选择结构。

（1）IF-ELSE 结构。

```
    IF 条件                          IF 条件
处理 S1              或处理 S1
    ELSE                             ENDIF
处理 S2
        ENDIF
```

（2）CASE 结构。

```
CASE OF
CASE（1）处理 S1
CASE（2）处理 S2
……
ELAE      处理 Sn
ENDCASE
```

（3）循环结构。

①FOR 结构。

```
    FORi＝1 TO n
循环体
```

　　　　ENDFOR

②WHILE 结构。

　　　　WHILE 条件

循环体

　　　　　ENDWHILE

③UNTIL 结构。

　　　REPEAT

循环体

UNTIL 条件

（4）出口结构。

①ESCAPE 结构（退出本层结构）。

　　　WHILE 条件

处理 S1

　　ESCAPE L IF 条件

处理 S2

　　　　ENDWHILE

　　　　L：……

②CYCLE 结构（循环内部进入循环的下一次）。

L：WHILE 条件

处理 S1

　　　　CYCLE L IF 条件

处理 S2

　　　　　ENDWHILE

（5）扩充结构。

①模块定义。

　　　PROCEDURE 模块名（参数）

……

　　　　RETURN

　　　　END

②模块调用。

　　　CALL 模块名（参数）

③数据定义。

　　　DECLARE 属性变量名，……

属性有字符、整型、实型、双精度、指针、数组及结构等类型。

④输入输出。

GET（输入变量表）

PUT（输出变量表）

【例5.4】查找拼错单词的程序。

```
        PROCEDURE 查找拼错单词 is
        BEGIN
    把这个文件分离成单词
    查字典
    显示字典中查不到的单词
    造一新字典
    END 查找拼错单词
```

对上面的算法细化

```
    PROCEDURE 查找拼错单词
    BEGIN
--＊split document into single words
    LOOP get next word
    add word to word list insortorder
    EXIT WHEN all words processed
    END LOOP
     --＊look up words in dictionary
    LOOP get word from word list
        IF word not in dictionary THEN
        --＊display words not in dictionary
display word prompt on user terminal
IF user response says word OK THEN
        add word to good wordlis
        ELSE
        add word to bad word list
        ENDIF
        ENDIF
        EXIT LOOP
     --＊create a new words dictionary
dictionary：= merge dictionary and good word list
        ENDspellcheck
```

任务三　制作详细设计说明书

任务描述

制作科研管理系统的详细设计说明书。

核心知识

详细设计完成后，需产生的文档有：详细设计说明书、初步的模块开发卷宗。

详细设计说明书又称为程序设计说明书。编制本说明书的目的是说明一个软件系统各个层次中的每个程序（每个模块或子程序）的设计情况，如实现算法、逻辑流程等。

其大致的框架如下所示：

1. 引言	3.1.3 输入项目
1.1 编写目的	3.1.4 输出项目
1.2 项目背景	3.1.5 算法
1.3 术语定义	3.1.6 程序逻辑
1.4 参考资料	3.1.7 接口
2. 总体设计	3.1.8 存储分配
2.1 需求概述	3.1.9 限制条件
2.2 软件结构	3.1.10 测试要点
3. 程序描述	3.2 投稿管理模块
3.1 我的工作模块	3.3 科研管理模块
3.1.1 功能	3.4 内容管理模块
3.1.2 性能	3.5 系统管理模块

【例 5.5】科研管理系统的详细设计说明部分内容。

1. 引言

1.1 编写目的

为了使用户和开发者对系统应具有的功能达成共识，在《需求规格说明书》《概要设计说明书》的基础上编写本说明书。本说明书提供了科研管理系统各模块部件的说明，以供编码人员具体实现及完成后期的维护工作。

1.2 项目背景

软件系统名称：联＊＊科研管理系统

任务提出者：广州××科技股份有限公司/某职业学院

开发者：联＊＊科技有限公司

用户：某职业学院科研处等相关部门、全体老师、校外专家

1.3 术语定义

学年。每年的 9 月 1 日到第二年的 8 月 31 日为一学年。

1.4 参考资料

（1） GB8566-88《计算机软件开发规范》

（2） GB8567-88《计算机软件产品开发文件编制指南》

（3） GB/T 12504 计算机软件质量保证计划规范

（4） GB/T 11457 软件工程术语

（5）《＊＊＊＊有限公司软件产品开发文件格式规范》（内部稿）

2. 总体设计

2.1 需求概述

在数字化校园建设的基础上，开发建立开放、主流、先进的科研管理系统，为学校教职员工和领导、校外专家提供相关服务。结合科研部门的实际业务需求，整个系统主要包括我的工作、投稿管理、科研管理、内容管理和系统管理几个模块组成，旨在减轻科研部门繁杂的日常业务工作，利用信息化的手段提高办事效率，实现科研管理的信息化。

2.2 软件结构

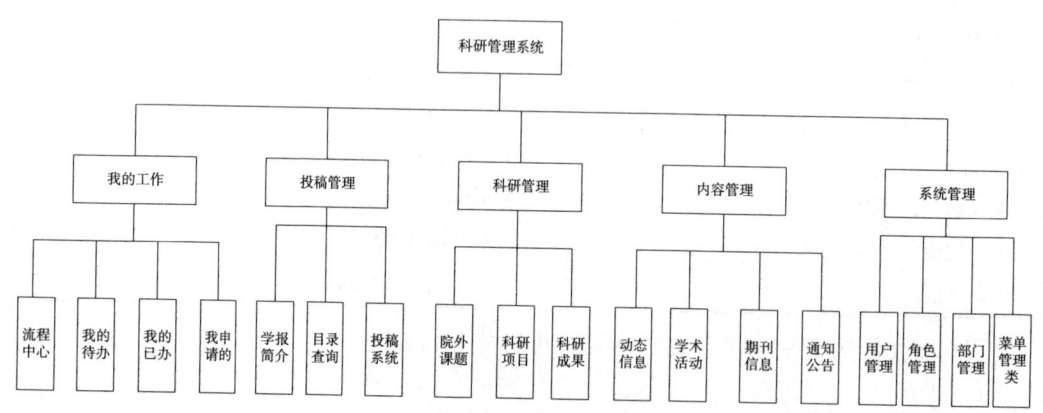

科研管理系统结构图

3. 程序描述

科研管理系统包括我的工作、投稿管理、科研管理、内容管理和系统管理几大模块。

3.1 我的工作模块

3.1.1 功能

显示用户的待办事项；

显示用户的申请记录；

显示用户的已办事项；

参看流程统计情况。

3.1.2 性能

（1）系统将同时支持 1000 个用户在线使用。

（2）系统响应时间最长为 4 秒。

（3）安全性高，只有登录用户才能访问。

（4）用户界面友好，易操作。

3.1.3 输入项目

鼠标点击菜单，在搜索栏中输入关键词点击搜索。

3.1.4 输出项目

用户未办理的事项信息（编号、标题、当前处理人、当前状态、申请者、申请时间、流程名称、已耗时）；

用户申请事项的记录；

用户已办事项记录。

3.1.5 算法

1. 查看我的待办

用户登录到系统之后，根据用户的权限，决定是否显示我的待办模块，如果有该权限，则点击标题打开流程详情页面，进行流程查看和办理。可以查看待办信息的详情，如：标题、时间、提交人信息等。

（1）查看当前登陆用户的待办信息，可以分页查询和导出 Excel。

（2）BpmUserFlowService 接收到修改请求后，通过 BpmUserFlowFactory 查询相应的修改 Command，并返回查找到的 QueryCommand；然后调用 QueryCommand 的 batchQuery 方法，传入 Search 参数。Search 中包含新增所需要的相关参数信息。

（3）在 QueryCommand 控制对象中，根据传入的 Search 对象，从 Search 对象中取回分页信息，再调用 Session 的 findbyPage 方法。Session 根据传入的分页信息，从数据库中查询满足条件的流程信息，生成 BpmUserFlow 对象，并返回 BpmUserFlow 对象。

（4）在 QueryCommand 中，根据返回的 BpmUserFlow 对象，返回相应的流程基本信息，生成流程查询界面需要初始化的数据域，并直接返回。

（5）在 QueryCommand 返回后，由系统架构查询操作定位的界面信息，调用分页界面，生成相应的分页界面。并将流程信息填充到分页界面的数据域中。

2. 方法功能描述

名称	BpmUserFlowService 类	
功能描述	科研系统的后台用户流程入口类。包含调用 ServiceInvoker 业务层处理对象的相关操作方法。	
属性	无	
方法	QueryCommand	调用相应的业务层 ServiceInvoker 处理对象。

（1）触发条件。

系统根据用户的请求向业务层提交关于流程的请求条件，相应的流程条件（主键编号）参数通过方法传递的参数触发。

（2）输入项。

录入内容	数据类型	长度要求	是否必填	录入形式
查询内容	String	20		
页码	Int		√	
每页条数	Int		√	

项目分页结果，进行数据分页展示。

类图

类：BpmUserFlowService
处理方法：QueryCommand（）：Map

顺序图

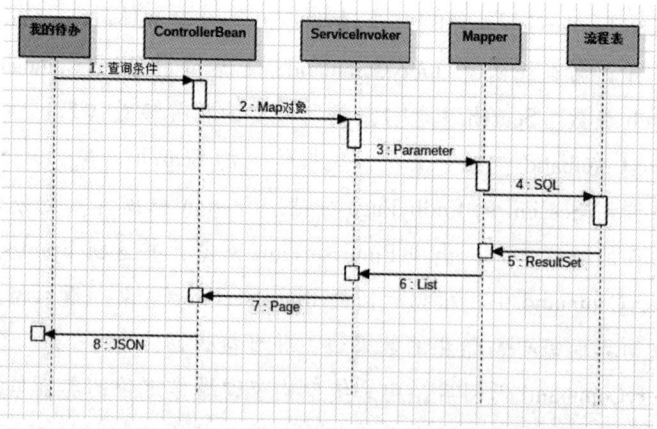

3.1.6 程序逻辑

可采用标准流程图、PDL 语言、N-S 图、PAD、判定表等描述算法的图表。

由于篇幅的原因，此处不详细列举。

3.1.7 接口

提供明确的业务规范和业务流程，给第三方内容提供商提供开放的平台，数据接口采用标准的 sql 语句连接异构数据库的方式。

3.1.8 存储分配

内部数据：数据库 PJ_ MYWORK_ MANAGEMENT

用户界面

ID	自增主键	NUMBER
WF_ DOCNUMBER	编号	NVARCHAR2
WF_ AUTHOR_ CN	当前处理人	NVARCHAR2
WF_ ADDNAME_ CN	申请者	NVARCHAR2
NIDENAME	当前状态	NVARCHAR2
WF_ DOCCREATED	申请时间	DATE
SUBJECT	流程名称	NVARCHAR2
TOTALTIME	已耗时（小时）	NUMBER

3.1.9 限制条件

无

3.1.10 测试要点

模块正常操作运行流程。

数据库操作。

用户输入数据检查（关键词），包括数据合理性检查、合法性检查。

数据库连接异常时的响应情况。

提示操作成功或失败。

……（篇幅有限，仅显示一个模块的内容）

任务四　实验实训

科研管理系统包括我的工作、科研管理、投稿管理、内容管理和系统管理等基本功能。

（1）设计科研管理系统的功能流程图。

（2）设计科研管理系统的用例图（用 UML）。

（3）设计投稿管理模块的类图。

（4）用面向对象的信息设计方法，设计"我的工作"的用户界面。

小结

　　详细设计将概要设计的内容具体化、明细化，转化为可以操作的软件模型，根据具体情况这个过程可以省略。本单元讲述了详细设计的基本内容和常用的工具。最后在详细设计说明书模板的基础上，以科研管理系统为例展示了说明书的内容框架。

学习单元六

软件项目的编码与测试

任务一 选择编码语言

任务描述

从哪些方面考虑选择哪种程序语言来完成科研管理系统的编码？

核心知识

软件项目经过详细设计阶段后，软件的基本细节和轮廓都勾勒出来了，就差最后一步就可以将宏图呈现在用户面前了。编码就是将系统分析和设计付之于实现，通常把编码和测试统称为实现，系统实现阶段的任务就是将软件设计结果转化为程序代码，并对程序代码进行测试。

程序编码阶段的任务是将软件的详细设计转换成用程序设计语言实现的程序设计代码。简单地解释，编码就是把软件设计结果翻译成程序。编码是软件设计的自然结果，程序的质量主要取决于软件设计质量，但是所选用的程序设计语言的特点和编码风格，也在一定程度上会影响程序的可靠性、可读性、可测试性和可维护性。因此，程序设计语言的特性要求应着重考虑软件开发项目的需要。为此，对于程序编码，有以下要求：

①详细设计应能直接、简便地翻译成代码程序。

②源程序应具有可移植性。

③编译程序应具有较高的效率。

④尽可能应用代码生成的自动工具。

⑤可维护性。

一、程序设计语言

1. 机器语言（第一代）。用二进制代码指令表达的计算机语言，指令是用0和1组成的一串代码。其优点是计算机可以直接识别并执行，执行效率高；缺点是开发工作繁杂琐碎，开发周期长，可读性差，不便于交流和合作，可移植性差，重用性差。程序设计曲高和寡。

2. 汇编语言（第二代）。汇编语言指令是机器指令的符号化，采用了一些简洁的英文字母、符号串来代替一个具有特定功能的二进制串，与机器指令存在着直接的对应关系，因此，汇编语言同样存在难学难用、容易出错、维护困难等缺点。但汇编语言也有自己的优点：可直接访问系统接口、汇编程序翻译成机器语言程序的效率高等。

3. 高级语言（第三代）。高级语言是面向用户的、基本上独立于计算机种类和结构的语言。它不能被计算机直接识别并运行，需要翻译后才能运行。其最大优点是：形式上接近于算术语言和自然语言，概念上接近于人们通常使用的概念。高级语言的一条命令可以等同于几条、几十条甚至上百条汇编语言的命令。常见的高级语言有：C、Pascal、C++、Java、C#、PHP、Python、SQL、Perl、R、Ruby、Matlab、Swift、Visual basic、Objective-C、Javascript 等。

4. 高级语言（第四代 4GL）。4GL 是面向问题的、非过程化程度高的程序设计语言，它以数据库管理系统所提供的功能为核心，进一步构造了开发高层软件系统的开发环境，如报表生成、多窗口表格设计、菜单生成系统、图形图像处理系统和决策支持系统，为用户提供了一个良好的应用开发环境。它提供了功能强大的非过程化问题定义手段，用户只需告知系统做什么，而无需说明怎么做，因此可大大提高软件生产率。如数据库查询语言、应用生成器、形式规格说明语言和图形语言等。

当前，编码选择语言时，几乎不使用机器语言，只有在高级语言不能满足设计要求，或不具备支持某种特定功能的技术性能（如特殊的输入输出）时，才使用汇编语言；绝大多数情况下普遍使用高级语言。

二、选择程序设计语言的标准

高效的程序代码，能缩短开发周期，提高软件系统的运行效率，提高软件的可维护性。要想编写出高效的程序代码，选择合适的编程语言是关键。在选择与评价语言时，首先要从问题入手，确定它的要求是什么，这些要求的相对重要性如何，再根据这些要求和重要性来衡量所采用的语言。

选择语言的原则：最少工作量原则；最少技巧性原则；最少错误原则；最少维护原则；最少记忆原则。

通常考虑的因素有：项目的应用范围；算法和计算的复杂性；软件执行的环境；性能上的考虑与实现的条件；数据结构的复杂性；软件开发人员的知识水平和心理因素等。其中，项目的应用范围是最关键的因素。

1. 从项目的应用范围考虑。不同的程序设计语言有着不同的主要应用领域，可根据项目的应用领域选择合适的语言。例如，科学工程计算需要大量的标准库函数，以便处理复杂的数值计算，可供选用的语言有 FORTRAN 语言、C 语言等；数据处理与数据库应用，可选用 SQL 语言；实时处理软件一般对性能要求很高，可选用的语言有汇编语言、Ada 语言等；如编写操作系统、编译系统等系统软件，可选用汇编语言、C 语言、Pascal 语言和 Ada 语言；如果要完成知识库系统、专家系统、决策支持系统、推理工程、模式识别等人工智能领域的系统，应选择 Prolog 和 Lisp 语言。另外，Java 的主要应用领域是企业应用开发；C 语言的应用领域很广，从底层的嵌入式系统、工业控制、智能仪表、编译器、硬件驱动，到高层的行业软件后台服务、中间件等。因此，选择程序设计语言时应充分考虑目标系统的应用领域。

2. 用户的要求。由于系统软件是为用户开发的，后期的维护是由用户自行解决的，应该选择用户擅长的程序设计语言，提高软件的可用性和易维护性。

3. 软件开发人员的喜好和能力。为了提高编码的效率和保证项目进度，软件开发人员应该选择自己比较熟悉的程序设计语言，避免因学习新语言影响项目的正常进度，同时开发人员也应敢于学习新知识，掌握新技术。

4. 系统的可移植性要求。如果目标系统在使用的过程中需要在不同的环境下运行，就涉及可移植性，开发人员应该提高项目的可移植性。可移植性可从三方面来解释：

（1）对源程序不做修改或少做修改就可以实现处理机上的移植或编译程序上的移植。

（2）即使程序的运行环境改变（例如，改用一个新版本的操作系统），源程序也不用改变。

（3）源程序的许多模块可以不做修改或少做修改就能集成为功能性的各种软件包，以适应不同的需要。

5. 算法和数据结构的复杂性。由于算法的特殊性，需要选择合适的程序设计语言促进算法的优越性。科学计算、实时处理和人工智能领域中的问题算法较复杂，而数据处理、数据库应用、系统软件领域的问题数据结构比较复杂，因此，选择语言时，可以考虑是否有完成复杂算法的能力，或者有构造复杂数据结构的能力。

三、编码风格

编码风格，指人们编写程序时所表现出来的特点、习惯以及逻辑思路，编码风格决定源程序的可读性，甚至决定源程序的质量和可维护性。因此，良好的编程风格是程序文档化、语句结构简单直接、界面整洁、数据说明规范化。程序员要想编写出逻辑清晰、易读易懂的程序，必须具有良好的编码风格。

1. 编码风格对于软件本身和软件开发人员而言尤为重要，有以下几个原因：

（1）好的编码规范可以尽可能地减少一个软件的维护成本，几乎没有任何一个软件在整个生命周期中，均由最初的开发人员来维护。

（2）好的编码规范可以最大限度地提高团队开发的合作效率。

（3）好的编码规范可以改善软件的可读性，可以让开发人员尽快而彻底地理解代码。

（4）程序员养成良好的编码习惯，可以锻炼更加严谨的思维，编写出更高质量的代码。

2. 程序员应该从以下几点注意编码风格：

（1）程序文档化。在编码时，对标识符命名规范化，标识符包括文件名、模块名、变量名，这些名字应能反映出它们所代表的实际内容，做到见其名知其意。如果是缩写的标识符，那么缩写要符合规则，并且注释。

程序中的注释是程序员与日后的程序读者之间通信的重要手段，同时方便以后修改与维护程序，因此，注释绝不是可有可无的，注释行的数量应占到整个源程序的1/3到1/2，甚至更多篇幅。注释包括两种：序言性注释和功能性注释。

①序言性注释：通常置于每个程序模块的开头部分，它应当给出程序的整体说明，对于理解程序本身具有引导作用。有些软件开发部门对序言性注释做了明确而严格的规定，要求程序编写者逐项列出有关项目，包括：程序标题、有关本模块功能和目的的说明、主要算法、接口说明、有关数据描述、模块位置、开发简历等。

②功能性注释：嵌在源程序体中，用以描述其后的语句或程序段是在做什么工作。不要解释下面怎么做，因为解释怎么做常常是与程序本身重复的，并且对于阅读者理解程序没有什么帮助。

（2）数据说明。为了方便阅读、理解和维护，数据说明的次序应规范化，使说明的先后次序固定。

①当一个语句说明多个变量名时，应当对这些变量按字母的顺序排列。

②如果设计了一个复杂的数据结构，应当使用注释来说明在程序实现时这个数据结构的固有特点。

（3）语句结构。

①在一行内只写一条语句，并且采取适当的移行，使程序的逻辑和功能变得更加明确。

②程序编写首先应当考虑清晰性，不要刻意追求技巧性，使程序编写得过于紧凑。

③程序编写要简单、清楚，直截了当地说明程序员的用意。

④除非对效率有特殊的要求，程序编写要做到清晰第一、效率第二，不要为了追求效率而丧失了清晰性。事实上，程序效率的提高主要通过选择高效的算法来实现。

⑤首先要保证程序正确，然后才要求提高速度。反过来说，在使程序高速运行时，首先要保证它是正确的。

⑥对编译程序做简单的优化。

⑦尽可能使用库函数。

⑧避免使用临时变量而使可读性下降。

⑨尽量用公共过程或子程序去代替重复使用的表达式。

⑩使用括号来清晰地表达算术表达式和逻辑表达式的运算顺序。

⑪尽量只采用三种基本的控制结构来编写程序。

⑫用逻辑表达式代替分支嵌套。

⑬使与判定相联系的动作尽可能地紧跟着判定。

⑭避免采用过于复杂的条件测试。

⑮尽量减少使用"否定"条件的条件语句。

⑯避免过多的循环嵌套和条件嵌套。

⑰避免循环的多个出口。

⑱使用数组，以避免重复的控制序列。

⑲尽可能用通俗易懂的伪码来描述程序的流程，然后再翻译成必须使用的语言。

⑳数据结构要有利于程序的简化。

㉑要模块化，使模块功能尽可能单一化，模块间的耦合能够清晰可见。

㉒利用信息隐蔽，确保每一个模块的独立性。

㉓从数据出发去构造程序。

㉔不要修补不好的程序，要重新编写。也不要一味地追求代码的复用，要重新组织。

㉕对太大的程序，要分块编写、测试，然后再集成。

（4）输入和输出。

①对所有的输入数据都进行检验，保证每个输入数据的有效性。

②检查输入项的各种重要组合的合理性，必要时报告输入状态信息。

③使输入的步骤和操作尽可能简单，方便使用，并保持简单的输入格式。

④输入数据时，应允许使用自由格式输入。

⑤应允许缺省值。

⑥输入一批数据时，应有批量导入功能，若没有最好使用输入结束标志，而不要由用户指定输入数据数目。

⑦在以交互式输入/输出方式进行输入时，要在屏幕上使用提示符明确提示交互输入的请求，指明可使用选择项的种类和取值范围。同时，在数据输入的过程中和输入结束时，也要在屏幕上给出状态信息。

任务二　了解软件测试的概念

任务描述

软件测试是在编码完成后才开始吗？

核心知识

软件测试是在软件正式交付投入运行前，对软件需求分析、设计规格说明和编码的最终复审，是软件质量保证的关键环节。软件测试时根据软件开发各个阶段的规格说明和程序内部结构而精心设计了一批测试用例，并用这些测试用例去检测程序错误的过程。因此，软件测试不是在编码阶段才开始，而是在需求分析阶段就要开始着手软件测试的相关工作了。

一、软件测试概念

什么是测试？它的目标是什么？G. MyerS 给出了以下一些测试的规则，这些规则也可以看作测试的目标或定义：

（1）测试是为了发现程序中的错误而执行程序的过程。

（2）好的测试方案应能发现迄今为止仍未发现的一些错误。

（3）成功的测试是发现了新的错误的测试。

从上述规则可以看出，测试的正确定义是"为了发现程序中的错误而执行程序的过程"。这与我们通常想象的"测试是为了表明程序是正确的""成功的测试是没有发现错误的测试"等是完全相反的。测试的根本目的就是发现尽可能多的缺陷，这里的缺陷是一种泛称，它可以指功能上的错误，也可以指性能低下、易用性差等。正确认识测试的目标是十分重要的，测试目标决定了测试方案的设计。如果为了表明程序是正确的而进行测试，就会设计一些不易暴露错误的测试方案；相反，如果测试是为了发现程序中的错误，就会力求设计出最能暴露错误的测试方案。

缺陷分为文档缺陷、代码缺陷、测试缺陷、过程缺陷，在软件测试这个环节的缺陷指的是测试缺陷。

文档缺陷：是指在对文档的静态检查过程中发现的缺陷。检查活动包括同行评审、产品审计等。评审的缺陷要根据评审对象的类型来确定，评审的对象包括最终产物和中间过程的产物，比如需求分析文档、设计文档、计划、报告、用例等。

代码缺陷：是指对代码进行同行评审、审计或代码走查过程中发现的缺陷。

测试缺陷：是指由测试活动发现的测试对象（被测对象一般是指可运行的代码、系统，不包括静态测试发现的问题）的缺陷，测试活动包括单元测试、集成测试、系统测试、性能测试等。

过程缺陷：又称为不符合项问题，是通过过程审计、过程分析、管理评审、质量评估、质量审核等活动发现的关于过程的缺陷和问题。过程缺陷的发现者一般是测试人员、项目经理等。

由于测试的目的是暴露程序中的错误，从心理学角度看，在测试阶段要避免程序员对自己编写的代码段进行测试。因此，在综合测试阶段通常由其他人员组成测试小组来完成测试工作。

此外，应该认识到测试绝不是为了证明程序是正确的。即使经过了最严格的测试之后，仍然可能还有未被发现的错误潜藏在程序中。因此，测试只能查找出程序中的错误，不能证明程序中没有错误。

软件生存周期软件开发 V 模型，图 6.1 所示，这个模型说明软件测试贯穿软件开发的始终，并不是我们通常认为的测试是在编码后才开展。

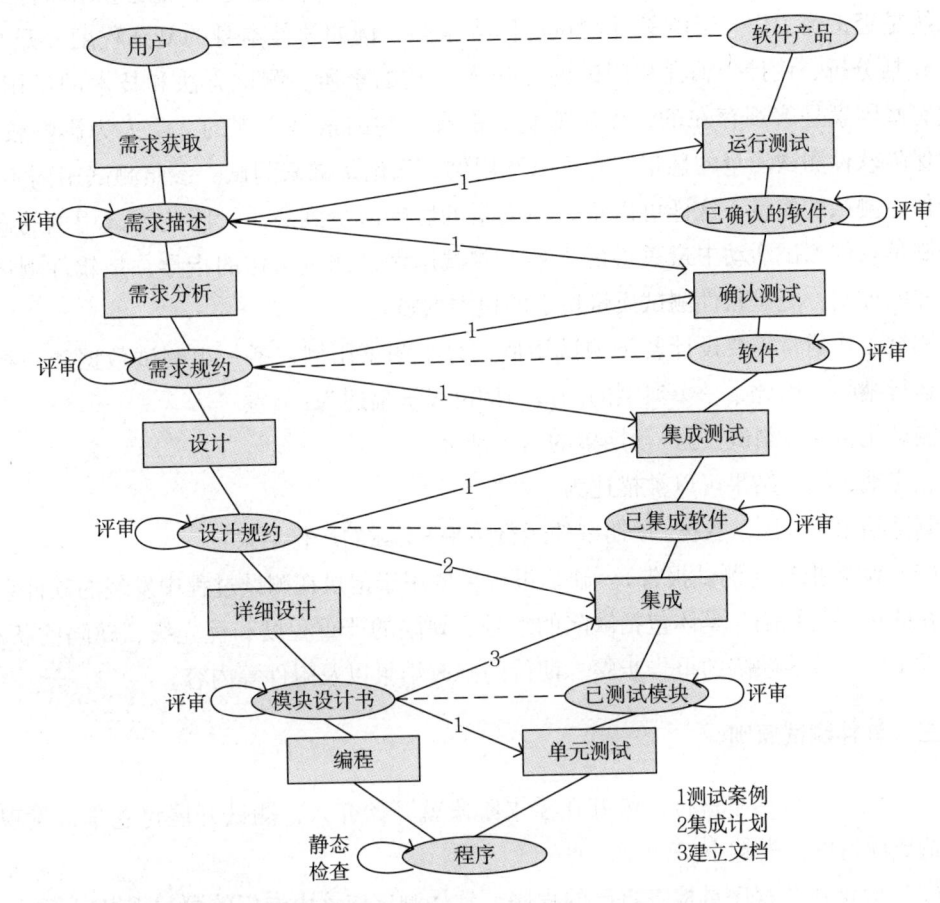

图 6.1　软件生存周期软件开发 V 模型

二、软件测试的文档

软件测试是贯穿软件开发整个阶段的一项工作，它涉及需求分析、设计、编码等环节。软件测试工作是保证系统软件的正确性、可靠性、健壮性的坚强后盾。因此，必须将软件测试的要求、过程、结果以正式的文档加以记录。在软件系统的测试工作中，主要的测试文档包括以下几种。

（1）测试计划。测试计划是软件测试工作开展的指导性文档，它规定了测试活动的范围、测试方法、测试时间、测试策略、测试进度和资源、测试的项目和特性。在软件测试计划中，应明确需要完成的测试任务、每个任务的负责人、测试人及相关的风险分析。

（2）测试规范。测试规范规定了测试工作的一些总体原则，包括测试的过程、缺陷的定义、测试用例生成的步骤等相关的规范和规则。

（3）测试用例。测试用例是一组条件或变量，测试者根据它来确定应用软件或软件系统是否正确工作。影响软件测试的因素很多，例如软件本身的复杂程度、开发人员（包括分析、设计、编程和测试的工作人员）的素质、测试方法和技术的运用等。其中有些因素是客观存在的，无法避免。但有一些因素是主观的，受人为影响较大。如何保障软件测试质量的稳定？有了测试用例，无论是谁来测试，参照测试用例实施，都能保障测试的质量，这样可以把人为因素的影响减少到最小。因此测试用例的设计和编制是软件测试活动中最关键的事项。测试用例是测试工作的指导，是软件测试必须遵守的准则，更是软件测试质量稳定的根本保障。

测试工作通常需要设计若干测试用例，每个测试用例包括一组测试数据和一组预期的运行结果。因此，一个典型的测试用例可以被描述为：

测试用例＝｛测试数据+预期望的运行结果｝

相应地，测试结果可以被描述为：

测试结果＝｛测试数据+预期望的运行结果+实际的运行结果｝

（4）缺陷报告（测试报告）。缺陷报告主要用于记录在测试过程中发现的软件系统中存在的错误与缺陷，具体包括缺陷的编号、缺陷的严重程度和优先级、缺陷的状态、缺陷发生的位置、缺陷的报告步骤、期待的修改结果以及附件等内容。

三、软件测试原则

（1）测试应该尽早进行，最好在需求阶段就开始介入，测试开展得越早，发现的错误造成项目的损失越小。

（2）应该避免程序员检查自己的程序，软件测试应该由专门的测试小组来负责。

（3）设计测试用例时应考虑到合法的输入和不合法的输入以及各种边界条件，特殊情况下不要制造极端状态和意外状态。

（4）应该充分注意测试中的群集现象。测试中发现的 80% 的错误可能来自 20% 的程序代码。

（5）应当对每一个测试结果做全面的检查。

（6）穷举所有测试用例是不可能的。

（7）测试应从"小规模"开始，逐步转向"大规模"。

（8）制定严格的测试计划，杜绝测试的随意性。

（9）妥善保存测试计划、测试用例、出错统计和最终分析报告，为维护提供方便。

任务三　掌握软件测试的方法

📝 任务描述

对科研管理系统进行测试的时候，首先对各功能模块进行了单独的测试，如用户登录模块、用户修改模块、用户查询模块等。但是仅仅对模块进行测试是远远不够的，因为当各个模块集成为一个庞大的系统结构时，各个模块之间的接口以及模块之间的通信是否成功，都决定了系统是否成功，所以我们采用数据跟踪，对整个系统的结构进行测试。那么，软件工程主要有哪些测试方法呢？

📝 核心知识

软件测试方法种类繁多，常从不同角度和不同维度对软件测试方法进行划分。按开发阶段划分为单元测试、集成测试、系统测试、验收测试、α测试和ß测试；按是否运行划分为静态测试和动态测试；按是否查看代码划分为黑盒测试和白盒测试；按是否手工执行划分为手动测试和自动化测试等。

本节主要介绍静态测试技术和动态测试技术。

一、静态测试技术

不运行被测程序，仅通过分析或检查源程序的语法、结构、过程、接口等来检查程序的正确性，这种测试被称为静态测试，它可以是以人工的、非形式化的方法对程序进行分析和测试。静态测试是对被测软件进行特性分析的一些方法的总称。静态测试包括桌前检查、代码会审以及步行检查。

桌前检查：在程序通过编译以后，进行单元测试之前，对源程序中的代码进行分析、检验，并补充相应的文档，程序员之间互相交换程序检查。

代码会审：由测试人员和程序员组成评审小组，一组人通过阅读、讨论和争议，按照"常见的错误清单"，对程序进行静态分析。

步行检查：预先准备测试数据，让与会者充当"计算机"检查程序的状态。由于是采取人工执行程序的方式，因此，也称为"走查"。有时这样做可能比真正运行程序更能发现错误。

二、动态测试技术

动态测试与静态测试正好相对应，静态测试不运行被测程序，而动态测试需要运行被测程序，通过执行测试用例，进行软件测试，分析运行结果与预期结果之间的差异性来发现缺陷。常用的动态测试的技术有两种：白盒测试和黑盒测试。

白盒测试和黑盒测试不是对立的，在软件测试过程中，要结合两者的优点，对软件进行全面的测试。

表 6.1　白盒测试和黑盒测试两类方法的对比

		白盒测试	黑盒测试
测试规划		根据程序的内部结构，如语句的控制结构、模块间的控制结构以及内部数据结构等进行测试	根据用户的规格说明，功能需求，通过输入数据和输出数据之间的对应关系，进行功能测试
特点	优点	能够对程序的内部结构进行覆盖	能站在用户的角度去测试
	缺点	无法检验程序的外部特性 无法对未实现规格说明的程序内部欠缺部分继续测试	不能测试程序的内部情况 如果规格说明本身存在错误，无法发现
方法举例		语句覆盖、判定覆盖、条件覆盖、判定—条件覆盖、条件组合覆盖、路径覆盖	等价类划分、边界值分析、错误推测法、因果图
测试要求		程序的每一组成部分至少被测试一次	逐一验证程序的功能
测试对象		程序的结构	程序的功能

（一）白盒测试

白盒测试又称为结构测试，白盒测试是对软件的过程细节做细致的检查。这一方法把测试对象看作一个打开的盒子，允许测试人员利用程序内部的逻辑结构及有关信息设计或测试用例，对程序所有逻辑路径进行测试。在采用白盒测试技术时，设计测试用例需要考虑各种覆盖问题，尽可能地设计所有的有代表性的用例。白盒测试一般由开发人员执行。

白盒测试方法主要对程序模块进行检查：对程序模块的所有独立的执行路径至少测试 1 次；对所有的逻辑判定，取"真"与取"假"的两种情况都至少测试 1 次；在循环的边界和运行界限内执行循环体；测试内部数据结构的有效性；等等。有选择地执行程序中某些最具代表性的通路是对穷尽测试的唯一可行的替代方法。所谓逻辑覆盖是对一系列测试过程的总称，这组测试过程逐渐地进行越来越完整的通路测试。逻辑覆盖又分为语句覆盖、判定覆盖、条件覆盖、判定—条件覆盖、条件组合覆盖、路径测试。

1. 语句覆盖。语句覆盖就是设计若干个测试用例，运行被测程序，使得每个可执行的语句至少执行 1 次。

【例 6.1】如图 6.2 所示的程序段的流程图，用语句覆盖测试该程序的正确性。

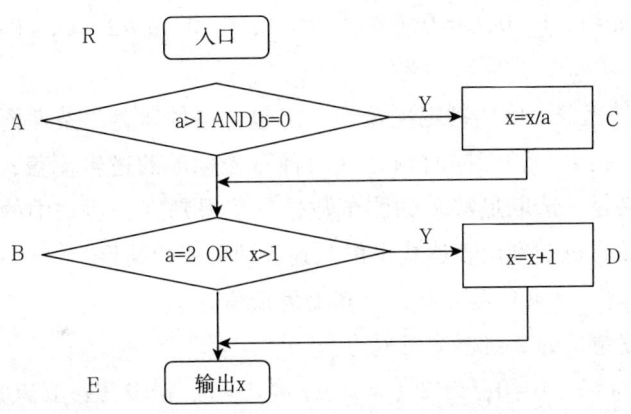

图6.2　测试路径

选择测试用例为：a＝2，b＝0，x＝4；程序的执行路径为 RACBDE，覆盖了所有的语句，如果执行结果正确，则证明两个判定语句为真的情况下，程序是正确的。

2. 判定覆盖。语句覆盖是很弱的逻辑覆盖标准，为了更充分地测试程序，可以采用判定覆盖标准。

判定覆盖又叫分支覆盖，它的含义是，不仅每个语句必须至少执行 1 次，而且每个判定的每种可能的结果都应该至少执行 1 次，也就是每个判定的每个分支都至少执行 1 次。

判定覆盖比语句覆盖强，但是对程序逻辑的覆盖程度仍然不高。

【例6.2】用判定覆盖测试例 6.1 的正确。

用下面 2 组测试用例来做判定覆盖的测试：

测试用例 1：a＝2，b＝0，x＝4　　覆盖 RACBDE

测试用例 2：a＝3，b＝1，x＝1　　覆盖 RABE

3. 条件覆盖。条件覆盖的含义是，不仅每个语句至少执行 1 次，而且使判定表达式中的每个条件都取到各种可能的结果。

条件覆盖通常比判定覆盖更好，因为它使判定表达式中每个条件都取到了两个不同的结果，判定覆盖却只关心整个判定表达式的值。

【例6.3】用条件覆盖测试例 6.1 的正确。

为了实现条件覆盖，保证各种可能的条件都取值，即保证：

第一个判断有以下取值：a>1，a<=1，b＝0，b≠0；

第二个判断有以下取值：a＝2，a≠2，x>1，x<=1。

取值时只要保证覆盖上述条件即可。因此，选择两组测试用例：

测试用例 1：a＝2，b＝2，x＝2（满足 a>1，b≠0，a＝2，x>1 的条件），执行路径为 RABDE；

测试用例 2：a=1，b=0，x=0（满足 a<=1，b=0，a≠2，x<=1 的条件），执行路径为 RABE。

4. 判定—条件覆盖。既然判定覆盖不一定包含条件覆盖，条件覆盖也不一定包含判定覆盖，自然会提出一种能同时满足这两种覆盖标准的逻辑覆盖，这就是判定—条件覆盖。它的含义是，选取足够多的测试数据，使得判定表达式中的每个条件都取到各种可能的值，而且每个判定表达式也都取到各种可能的结果。

【例 6.4】用判定—条件覆盖测试例 6.1 的正确。

选择满足上述情况的 2 组测试用例为：

测试用例 1：a=2，b=0，x=2（满足 a>1，b=0，a=2，x>1 的条件），执行路径 RACBDE；

测试用例 2：a=1，b=1，x=1（满足 a<=1，b≠0，a≠2，x<=1 的条件），执行路径 RABE。

5. 条件组合覆盖。使得每个判断中条件的各种可能组合都至少出现 1 次。

【例 6.5】用条件组合覆盖测试例 6.1 程序的正确。

根据每个判定表达式的情况，列出如下条件组合：

（1）a>1，b=0，A 表达式为真；

（2）a>1，b≠0，A 表达式为假；

（3）a<=1，b=0，A 表达式为假；

（4）a<=1，b≠0，A 表达式为假；

（5）a=2，x>1，B 表达式为真；

（6）a=2，x<=1，B 表达式为真；

（7）a≠2，x>1，B 表达式为真；

（8）a≠2，x<=1，B 表达式为假。

只要能够覆盖上面 8 个条件取值的组合就符合要求，因此，选择以下 4 组测试用例：

测试用例 1：选择条件 a=2，b=0，x=2，（1）、（5）组合，执行路径 RACBDE；

测试用例 2：选择条件 a=2，b=1，x=1，（2）、（6）组合，执行路径 RABDE；

测试用例 3：选择条件 a=1，b=0，x=2，（3）、（7）组合，执行路径 RABDE；

测试用例 4：选择条件 a=1，b=1，x=1，（4）、（8）组合，执行路径 RABE。

6. 路径覆盖。路径覆盖就是选取足够多的用例，保证程序的所有路径都至少执行 1 次，如果存在环形结构，也要保证此环的所有路径都至少执行 1 次。

【例 6.6】用路径覆盖测试例 6.1 程序的正确。

设计如下 4 组测试用例：

测试用例 1：a=1，b=1，x=1（满足 a<=1，b≠0，a≠2，x<=1 的条件），执行路径为 RABE；

测试用例 2：a=2，b=0，x=2（满足 a>1，b=0，a=2，x>1 的条件），执行路径为 RACBDE；

测试用例 3：a=2，b=1，x=2（满足 a>1，b≠0，a=2，x>1 的条件），执行路径为 RABDE；

测试用例 4：a=3，b=0，x=1（满足 a>1，b=0，a≠2，x<=1 的条件），执行路径为 RACBE。

（二）黑盒测试

黑盒测试是把测试对象看作一个黑盒，测试人员不需要考虑程序的内部逻辑结构和内部特征，只依据程序需求和功能规格说明，检查程序的功能是否符合它的功能说明。黑盒测试方法是在程序接口上进行测试，主要是为了发现以下错误：

①是否有不正确或遗漏的功能。

②在接口上，输入能否正确地接受。

③能否输出正确的结果。

④是否有数据结构错误或外部信息（例如数据文件）访问错误。

⑤性能上是否能满足要求，是否有初始化或终止性错误。

黑盒测试的测试用例方法主要包括等价类划分、边界值分析法、错误猜测法、因果图法等。

1. 等价类划分。所谓等价类划分，就是把输入数据的可能值划分为若干等价类（等价类是指某个输入域的子集合。在该集合中，各个输入数据对于揭露程序中的错误都是等价的）。因此，可以把全部输入数据合理地划分为若干等价类，在每一个等价类中取一个数据作为测试的输入条件，这样就能以少量的代表性测试数据，来取得较好的测试效果。

有效等价类：是指对于程序的规格说明来说，是由合理的有意义的输入数据构成的集合。利用它可以检验程序是否实现预先规定的功能和性能。

无效等价类：是指对于程序的规格说明来说，是由不合理的、无意义的输入数据构成的集合。程序员主要利用这一类测试用例来检查程序中功能和性能的实现是否不符合规格说明要求。

确定等价类的原则：

（1）如果输入条件规定了取值范围，或者是值的个数，则可以确立 1 个有效等价类和 2 个无效等价类。

例如：……序号值可以从 1 到 999……

则：

1 个有效等价类：1≤序号值≤999。

2 个无效等价类：序号值<1；序号值>999。

【例6.7】对招干考试系统"输入学生成绩"子模块设计测试用例。

招干考试分3个专业，准考证号第1位为专业代号，如：

1—行政专业，2—法律专业，3—财经专业。

其中：行政专业准考证号码为：110001～111215

法律专业准考证号码为：210001～212006

财经专业准考证号码为：310001～314015

请写出有效等价类和无效等价类。

按照等价类划分原则，可对准考证号码的等价类作如下划分：

有效等价类：

①110001 ～ 111215

②210001 ～ 212006

③310001 ～ 314015

无效等价类：

①$-\infty$ ～ 110000

②111216 ～ 210000

③212007 ～ 310000

④314016 ～ $+\infty$

（2）如果输入条件规定了输入值的集合，或者是规定了"必须如何"的条件，这时可确立1个有效等价类和1个无效等价类。

例如：在C语言中对变量标识符规定为"以字母打头的……串"。所有以字母打头的构成有效等价类；而不在此集合内（不以字母打头）的归于无效等价类。

（3）如果输入条件是一个布尔量，则可以确定1个有效等价类和1个无效等价类。

（4）如果规定了输入数据是一组值，而且程序要对每个输入值分别进行处理，这时可为每一个输入值确立1个有效等价类，此外再针对这组值确立1个无效等价类，它应是所有不允许输入值的集合。

例如：在教师分房方案中规定对教授、副教授、讲师和助教分别计算分数，做相应的处理。因此可以确定4个有效等价类为教授、副教授、讲师和助教，以及1个无效等价类，它应是所有不符合以上身份的人员的输入值的集合。

（5）如果规定了输入数据必须遵守的规则，则可以确定1个有效等价类（符合规则）和若干个无效等价类（从不同角度违反规则）。

例如：在C语言中规定了"一个语句必须以分号'；'作为结束"，这时，可以确定1个有效等价类，以"；"结束，而若干个无效等价类应以"：，、"等。

（6）如果确知，已划分的等价类中各元素在程序中的处理方式不同，则应将此等价类进一步划分成更小的等价类。

应注意的是，划分等价类不仅要考虑代表"有效"输入值的有效等价类，还需考虑代表"无效"输入值的无效等价类。每一无效等价类至少要用一个测试用例，不然就可能漏掉某一类错误，但允许若干有效等价类合用同一个测试用例，以便进一步减少测试的次数。

确立测试用例的原则：

①为每一个等价类规定一个唯一的编号。

②设计一个新的测试用例，使其尽可能地覆盖尚未被覆盖的有效等价类，重复这一步，直到所有的有效等价类都被覆盖为止。

③设计一个新的测试用例，使其仅覆盖尚未被覆盖的无效等价类，重复这一步，直到所有的无效等价类都被覆盖为止。

【例6.8】请利用等价分类法为以下提供的内容设计测试用例。

某工厂公开招工，规定报名者年龄应在 16~35 周岁之间（到 1995 年 6 月 30 日为止），即出生年月不早于 1960 年 7 月，不晚于 1979 年 6 月。报名程序具有自动检验输入数据的功能。如出生年月不在上述范围内，将拒绝接受，并显示"年龄不合格"等出错信息。

请试用等价分类法，设计出生年月的等价分类表。

（1）划分出生年月等价分类表。假定已知出生年月是由 6 位数字字符表示，前 4 位代表年，后 2 位代表月，则可以划分为 3 个有效等价类和 7 个无效等价类。

输入数据	有效等价类	无效等价类
出生年月	① 6 位有效数字字符	② 有非数字字符 ③ 少于 6 个数字字符 ④ 多于 6 个数字字符
对应数值	⑤ 196007~197906	⑥ <196007 ⑦ >197906
月份对应数值	⑧ 在 1~12 之间	⑨ 等于"0" ⑩ >12

（2）设计有效等价类需要的测试用例。

测试数据	期望结果	测试范围
197011	输入有效	①、⑤、⑧

（3）为每一个无效等价类至少设计一个测试用例。

测试数据	期望结果	测试范围
MAY，70	输入无效	②有非数字字符
19705	输入无效	③少于 6 个数字字符
1968011	输入无效	④多于 6 个数字字符
196008	年龄不合格	⑥<196007
195512	年龄不合格	⑦>197906
196200	输入无效	⑨等于"0"
197222	输入无效	⑩>12

2. 边界值分析法。边界值分析是一种补充等价类划分的测试用例设计技术，它不是选择等价类中的任意元素，而是选择等价类边界值作为测试用例。

【例 6.9】以例 6.8 为背景，为了接受年龄合格的报名者则程序中可能设有的语句为：

> If（196007 <= value（birthdate）<= 197906）
>
>   Then read（birthday）
>
>   Else write"invalid age！"

用边界值分析法对程序语句进行测试的测试用例设计如下：

输入等价类	测试用例说明	测试数据	期望结果
出生年月	1 个数字字符	5	输入无效
	5 个数字字符	19705	
	7 个数字字符	1968011	
	有 1 个非数字字符	19705	
	全是非数字字符	AUGUST	
对应数值	35 周岁	196007	合格年龄
	16 周岁	197906	
	>35 周岁	196006	不合格年龄
	<16 周岁	197907	

续表

输入等价类	测试用例说明	测试数据	期望结果
月份对应数值	月份值为 1 月 月份值为 12 月	196701 197412	输入有效
	月份值<1 月份值>12	196700 197413	输入无效

等价类划分法与边界值分析法的比较：

（1）等价类划分法的测试数据是在各个等价类允许的值域内任意选取的，而边界值分析法的测试数据必须在边界值附近选取。

（2）在公开招工的例子中，采用等价类划分法设计了 8 个测试用例而边界值分析法则设计了 13 个。所以，一般来说，用边界值分析法设计的测试用例要比等价分类法的代表性更广，发现错误的能力也更强。但是对边界的分析与确定比较复杂，它要求测试人员具有更多的经验和更高的素质。

3. 错误猜测法。错误猜测法是测试设计者在经验的基础上，猜测错误的类型以及特定软件中错误的位置，并设计用例来发现他们。错误猜测法的基本思想是某处发现了缺陷，则可能隐藏更多的缺陷，在实际操作中，列出程序中所有可能的错误和容易发生的特殊情况，然后依据经验选择测试方案。

例如，测试手机终端的通话功能，可以设计各种通话失败的情况来补充测试用例：

（1）无 SIM 卡插入时进行呼出（非紧急呼叫）。

（2）插入已欠费 SIM 卡进行呼出。

（3）射频器件或无信号区域插入有效 SIM 卡呼出。

（4）网络正常，插入有效 SIM 卡，呼出无效号码（如，1,888,666666，不输入任何号码等）。

（5）网络正常，插入有效 SIM 卡，使用"快速拨号"功能呼出设置无效号码的数字。

4. 因果图法。因果图法的思想是：一些程序的功能可以用判定表的形式表示，并根据输入条件的组合情况规定相应的操作。因此，可以考虑为判定表中的每一列设计一个测试用例，以便测试程序在输入条件的某种组合下的输出是否正确。概括地说，因果图法就是从程序规格说明的描述中找出因（输入条件）和果（输出结果或者程序状态的改变）的关系，通过因果图转换判定表，最后为判定表中的每一列设计一个测试用例。

因果图法着重分析输入条件的各种组合，各种组合条件就是"因"，它必然有一个输出的结果,这就是"果"。等价类划分和边界值分析法的缺陷是没有检查各种输入条件的组合,而因果图就能有效地检测输入条件的各种组合可能引起的错误。

在实际测试中,结合使用各种测试方法,形成综合策略,通常先用黑盒测试设计基本的测试用例,再用白盒测试补充一些必要的测试用例。

使用测试技术的策略:

(1)在任何情况下都应该使用边界值分析的方法。

(2)必要时用等价类划分补充测试方案。

(3)必要时再用错误猜测法补充测试方案。

(4)对照程序逻辑,检查已经设计出的测试方案。可以根据对程序可靠性的要求采用不同的逻辑覆盖标准,如果现有测试方案的逻辑程度没有达到要求的覆盖标准,则应再补充一些测试方案。

应该强调的是,即使使用上述综合策略设计测试方案,仍然不能保证测试将发现一切程序错误。但是,这个策略确实是在测试成本和测试效果之间的一个合理的折中。通过前面的叙述可以看出,软件测试确实是一件十分艰巨繁重的工作。

任务四　掌握软件的测试步骤

任务描述

对于科研管理系统,按怎样的步骤开展软件测试工作?

核心知识

对于软件工程的测试来讲,我们大体可以分为以下几种:从产品角度看,测试计划中的测试项目包括软件结构中的分系统层、子系统层、功能模块、程序模块层中的各类模块;从测试本身看,分为单元测试、组合测试、确认测试等。测试对象是随开发阶段的不同而有所变化的,最基本、最初的测试是单元测试,后面的组合测试、确认测试都是以被测试过的模块作为测试对象的。

软件测试步骤分为五步,即单元测试、集成测试、确认测试、系统测试、验收测试。测试的过程如图6.3所示。

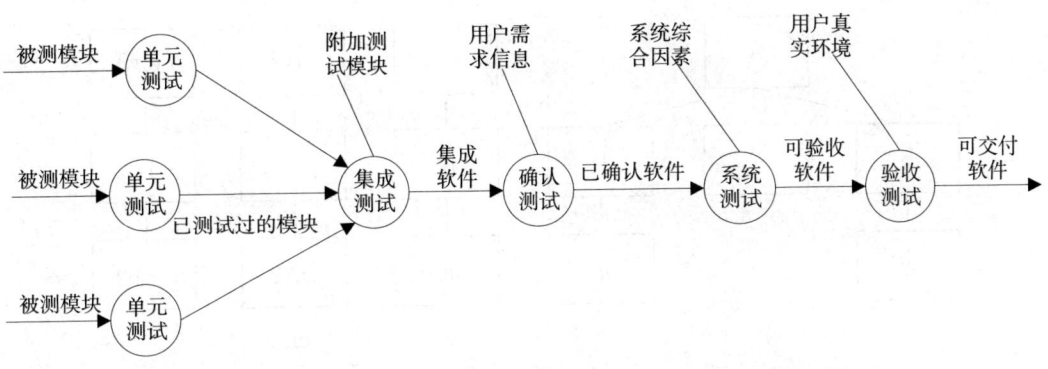

图6.3 软件测试步骤

一、单元测试

单元测试也称模块测试或程序测试，是针对软件设计的最小单位，进行正确性检验的测试工作。单元测试是对每个模块单独进行的，它要验证模块接口与设计说明书是否一致，对模块的所有主要处理路径进行测试且预期的结构进行对照，还要对所有错误处理路径进行测试。对照设计说明书，检查源程序是否符合功能限定的逻辑要求，是进行单元测试前的重要工作。单元测试是在编码阶段进行的，一般由程序员完成。

在单元测试时，主要采用白盒测试技术，辅之以黑盒测试技术，使之对任何合理的输入和不合理的输入都能鉴别和响应。主要采用模块接口测试、局部数据结构测试、路径测试、错误处理测试和边界测试等方式进行。

二、集成测试

集成测试也称为组合测试或联合测试，它是在单元测试的基础上，将所有模块按照设计要求集成（组合）为子系统或系统，进行集成测试。通常采用自顶向下测试和自底向上测试两种测试方法。集成测试的对象是已经通过单元测试的模块，不是对零散模块进行单个测试，实践表明，一些模块虽然能够单独地工作，但并不能保证拼接（集成）在一起也能正常工作，集成测试可能将单个模块无法反应的问题，很轻易地暴露出来。

集成测试重点测试模块的接口部分，需要设计测试过程所使用的驱动模块或桩模块。测试方法以黑盒测试为主。

由于集成的方式不同，有两种不同的集成测试方法：非渐增式测试和渐增式测试。

（1）非渐增式测试。非渐增式测试采用一步到位的方法来构造系统并测试，在对每个模块分别进行单元测试后，再把所有的模块按设计要求组装在一起进行测试。

如图6.4就是一个非渐增式集成，在进行集成测试时，其测试步骤是：

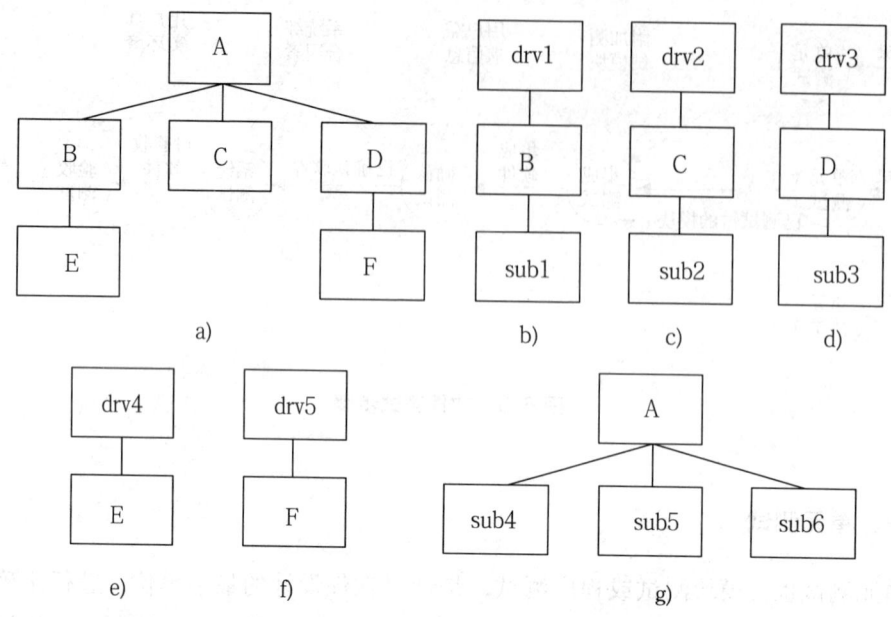

图6.4 非渐增式集成

在进行单元测试时，根据它们在结构图中的地位，对模块 B、C 和 D 配备了驱动模块和桩模块，对模块 E 和 F 只配备了驱动模块。对主模块 A 由于它处在结构图的顶端，无其他模块调用它，因此，仅为它配备了三个桩模块，以模拟被它调用的三个模块 B、C 和 D，如图 6.4 b)、c)、d)、e)、f)、g) 所示。分别进行单元测试以后，再按图 6.4 a) 的结构图形式连接起来，进行集成测试。

（2）渐增式测试。渐增式测试与非渐增式测试有所不同。它的集成过程是逐步实现的，集成测试也是逐步完成的。也可以说它是把单元测试与组装测试结合起来进行的。每加入一个新模块，就要对新集成的子系统进行一次测试，不断重复此过程直至所有模块组装完毕。渐增式组装测试常用自顶向下、自底向上和混合增值三种组装次序。

集成测试有两个基本概念：其一，深度优先的集成首先集成结构中的一个主控路径下的所有模块，主控路径的选择是任意的，如先选择最左边的，然后是中间的，直到最右边。选用按深度方向集成的方式，可以首先实现和验证一个完整的软件功能。其二，广度优先的集成首先沿着水平方向，把每一层中所有直接隶属于上一层的模块集中起来，直至最底层。

集成测试的整个过程由下列步骤组成：

①主控模块作为测试驱动器。

②根据集成的方式（深度或广度），下层的桩模块一次一个地被替换为真正的模块。

③在每个模块被集成时，都必须进行单元测试。

④回到步骤②重复进行，直到整个系统结构被集成完成。

【例6.9】如下图6.5为自顶向下增式集成测试，其测试顺序如何？

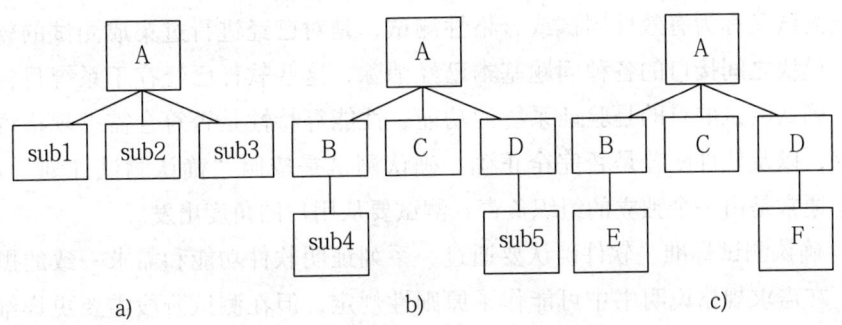

图6.5　自顶向下增式集成测试

图6.5给出了一个按广度优先方式进行集成测试的典型例子。首先，对顶层的主模块A进行单元测试，这时需配以桩模块sub1、sub2和sub3（见图6.5 a）），以模拟被它调用的模块B、C和D。其次，把模块B、C和D与顶层模块A连接起来，再对模块B和D配以桩模块sub4和sub5以模拟对模块E和F的调用。这样按图6.5 b）的形式完成测试。最后，去掉桩模块sub4和sub5，把模块E和F连上即对完整的结构图（见图6.5 c））进行测试。

【例6.10】如下图6.6为自底向上增式集成测试，其测试顺序如何？

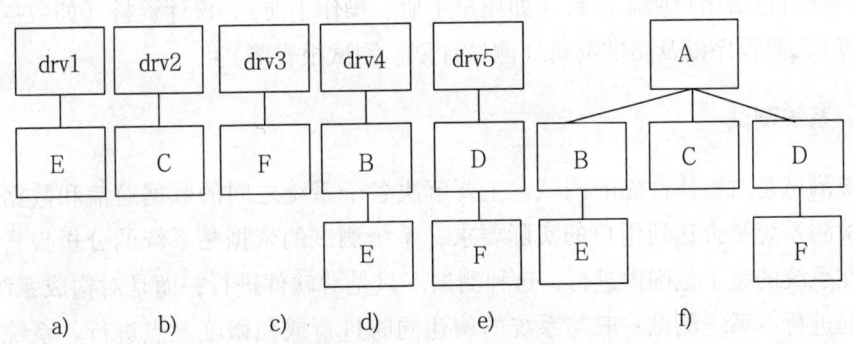

图6.6　自底向上增式集成测试

图6.6 a）、b）和c）表示：树状结构图中处在最下层的叶结点模块E、C和F，由于它们不再调用其他模块，对它们进行单元测试时，只需配以驱动模块drv1、drv2和drv3，用来模拟B、A和D对它们的调用。完成这三个单元测试以后，再按图6.6 d）和e）的形式，分别将模块B和E及模块D和F连接起来，在配以驱动模块drv4和

drv5 的条件下实施部分集成测试。最后再按图 6.6 f）的形式完成整体的集成测试。

三、确认测试

确认测试又称为有效性测试或合格性测试，是对已经进行过集成测试的软件进行的测试，模块之间接口的各种问题基本已经消除，这些软件已经存于系统目标设备的介质上。确认测试的目的是验证系统的功能、性能等特性是否符合需求规格说明书引出的需求，以及软件配置是否完全正确。确认测试是按照"确认测试计划"进行的。测试工作通常是由一个独立的组织负责，测试要从用户的角度出发。

（1）确认测试标准。软件确认要通过一系列证明软件功能和需求一致的黑盒测试来完成。在需求规格说明书中可能作了原则性规定，但在测试阶段需要更详细、更具体的测试规格说明书作进一步说明，列出要进行的测试种类，并定义为发现与需求不一致的错误而使用详细测试用例的测试过程。经过确认测试，应该为已开发的软件给出结论性评价：

第一种情况，经过检验的软件功能、性能及其他要求均已满足需求规格说明书的规定，因而，可被认为是合格的软件。

第二种情况，经过检验发现与需求说明书有相当的偏离，得到一个各项缺陷清单。对于这种情况，往往很难在交付期之前把发现的问题纠正过来。这就需要开发部门与用户进行协商，找出解决办法。

（2）配置审查。确认测试的另一个重要环节就是配置审查工作，审查的目的在于保证软件配置齐全、分类有序并完整正确，并且包括软件维护所必需的细节。审查的配置文档资料包括用户所需资料（如用户手册、操作手册）、设计资料（如数据库设计说明书等）、源程序以及测试资料（测试计划、测试报告等）。

四、系统测试

系统测试是对整体性能的测试，主要解决各子系统之间的数据通信和数据共享问题以及检测系统是否达到用户的实际要求，系统测试的依据是系统的分析报告。系统测试应在系统的整个范围内进行，这种测试不只是对软件进行，而是对构成系统的软、硬件一起进行。系统测试一般与系统的构建同时进行或稍微晚一点进行。系统测试需要从头到尾确认所有的功能都正常，才算完成任务，应当尽量避免将系统测试拖延到项目快结束时进行。

系统测试应该包括以下内容：

（1）功能测试：功能测试又称为正确性测试，它检查软件的功能是否符合需求规格说明书。

（2）恢复测试：恢复测试是当系统受到某些外部事故的破坏时，通过各种手段，强制性地使软件出错，而不能正常工作，进而检查软件系统的恢复能力。如果系统恢

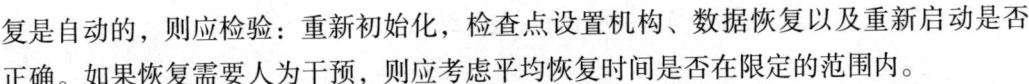

复是自动的，则应检验：重新初始化，检查点设置机构、数据恢复以及重新启动是否正确。如果恢复需要人为干预，则应考虑平均恢复时间是否在限定的范围内。

（3）安全测试：安全测试的目的在于验证安装在系统内的保护机制能否在实际中保护系统不受非法侵入，不受各种非法的干扰。

（4）强度测试：强度测试需要在反常的数量、频率或资源的极限条件下运行系统，以检验系统能力的最高实际限度。强度测试可以先根据所开发的软件系统面临的一些运行强度方面的挑战设计出相应的测试用例，然后通过使用这些测试用例，检查软件系统在这些极端情况下是否能正常运行。

（5）性能测试：性能测试用来测试软件在集成系统中的运行性能，特别是针对实时系统、嵌入式系统。

（6）文档测试：文档测试主要检查文档的正确性、完备性和可理解性。

五、验收测试

在系统测试完成后，应进行用户的验收测试，这是用户在实际应用环境中所进行的真实数据测试。

事实上，软件开发人员不可能完全预见用户实际使用程序的情况，因此，要确认软件是否真正满足最终用户的要求，应由用户进行一系列"验收测试"。一个软件产品，可能拥有众多用户，让每一个用户进行验收是不切实际的，目前广泛使用的两种测试方式是 α 测试和 β 测试。

α 测试是指软件开发公司组织内部人员模拟各类用户对即将面世的软件产品（称为 Alpha 版本）进行测试，试图发现错误并进行修正。Alpha 测试的目的是评价软件产品的 FLURPS（即功能、局域化、可使用性、可靠性、性能和支持）。尤其注重产品的界面和特色。Alpha 测试的关键在于尽可能逼真地模拟实际运行环境和用户对软件的操作，并尽最大努力涵盖所有可能的用户操作方式。Alpha 测试可以从软件产品编码结束之时开始，或在模块（子系统）测试完成之后开始，也可以在确认测试完成之后开始，也可以在确认测试过程中产品达到一定的稳定和可靠程度之后再开始。

经过 Alpha 测试调整的软件产品称为 Beta 版本。紧随其后的 Beta 测试是指软件开发公司组织各方面的典型用户在日常工作中实际使用 Beta 版本，并要求用户报告异常情况，提出批评意见，然后，软件开发公司再对 Beta 版本进行改错和完善。测试时，开发者通常不在测试现场，因而 β 测试是在开发者无法控制的环境下进行的软件现场应用。Beta 测试主要衡量产品的 FLURPS，看重于产品的支持性，包括文档、客户培训。

β 测试测试通过后，项目组决定将项目交给用户试用 1 个月。在这 1 个月期间，用户在自己的实际工作环境下，使用本系统进行相应的业务操作，并将发现的问题定期或不定期反馈给项目负责人。项目组接到反馈后，相关人员对项目进行修改和完善。

最终所有的测试都没问题后，软件项目就可验收结项。

任务五 制作软件测试报告

任务描述

根据本单元所学知识，撰写科研管理系统的测试报告。

核心知识

软件测试报告的目的是总结测试阶段的测试情况以及分析测试结果，描述系统是否符合需求（或达到功能和性能目标）并对测试质量进行分析，作为测试质量参考文档提供给用户、测试人员、开发人员、项目管理者、其他质量管理人员和需要阅读报告的人员阅读使用。

一、软件测试报告概述

测试报告是把测试的过程和结果写成文档，并对发现的问题和缺陷进行分析，为纠正软件中存在的质量问题提供依据，同时为软件验收和交付打下基础。测试报告通常包括如下部分。

（1）摘要；

（2）关键字；

（3）缺陷；

（4）正文。

测试报告是测试阶段最后的文档产出物，优秀的测试工程师应该具备良好的文档编写能力，一份详细的测试报告包括足够的信息，包括对产品质量和测试过程的评价，测试报告基于测试中的测试用例以及对最终的测试结果进行分析。

二、软件测试报告模板

下面以常见的通用测试报告模板为例，详细介绍测试报告编写的具体要求及各部分的功能。通常包括以下五个部分。

1. 首页

（1）页面内容

首页的页面内容通常包括密级、标题、报告编号、相关负责人及单位和日期。

密级。通常测试报告供内部测试完毕后使用，因此密级为"中"。如果可供用户及更多的人阅读，密级为"低"。高密级的测试报告适合内部研发项目以及涉及保密行业和技术版权的项目。

标题。比如：××××项目/系统测试报告。

报告编号。可供索引的内部编号或者用户要求分布提交时的序列号。

相关负责人。可以采用如下格式：

部门经理＿＿＿＿＿ 项目经理＿＿＿＿＿

开发经理＿＿＿＿＿ 测试经理＿＿＿＿＿

单位名称及日期。可以采用如下格式：

×××公司××××单位（此处应包含用户单位以及研发此系统的公司）

××××年××月××日

（2）格式要求

标题一般采用大字体（如一号），加粗，宋体，居中排列。

副标题采用大字体，比标题小一号的字（如二号），加粗，宋体，居中排列。

其他内容采用四号字，宋体，居中排列。

（3）版本控制

一般采用如下格式：

版本、作者、时间、变更摘要

新建/变更/审核

2. 引言部分

（1）编写目的

即指本测试报告的具体编写目的，指出预期的读者范围。

实例：本测试报告为×××项目的测试报告，目的在于总结测试阶段的测试以及分析测试结果，描述系统是否符合需求（或达到×××功能目标）。预期参考人员包括用户、测试人员、开发人员、项目管理者、其他质量管理人员和需要阅读本报告的高层经理。

提示：通常用户只对部分测试结论感兴趣，开发人员希望从缺陷结果以及分析中得到产品开发质量的信息，项目管理者对测试中的成本、资源和时间较为重视，而高层经理希望能够阅读到简单的图表并且能够与其他项目进行横向比较。此种情况可以具体描述为什么类型的人可参考本报告×××页×××章节。阅读你的报告的人越多，你的工作越容易被人重视，其前提是必须让阅读者感到你的报告是有价值的而且值得去关注的。

（2）项目背景

对项目目标和目的进行简要说明。必要时包括项目经过，这一部分不需要刻意编写，直接从需求分析或者招标文件中获得即可。

（3）系统简介

如果设计说明书中有此部分，可以参照编写。注意提供必要的框架图和网络拓扑图。

（4）术语和缩写词

列出设计本系统/项目的专用术语和缩写语约定。对于与技术相关的名词与多义词一定要注明，使阅读时不会产生歧义。

（5）参考资料

需求、设计、测试用例、手册以及其他项目文档都是在一定范围内可参考的内容。测试使用的国家标准、行业指标、公司规范和质量手册等。

3. 测试概要

测试的概要介绍，包括测试的一些声明、测试范围、测试目的等，主要是测试情况简介。

（1）测试用例设计

简要介绍测试用例的设计方法。例如：等价类划分、边界值、因果图、逻辑覆盖法、错误推测法等。

提示：如果能够对设计进行具体说明，其他开发人员、测试经理在阅读的时候就容易对你的用例设计有一个整体的概念，在这里写上一些非常规的设计方法也是有利的，至少在没有看到测试结论之前就可以了解到测试经理的设计技术。重点测试部分一定要保证有两种以上不同的用例设计方法。

（2）测试环境与配置

简要介绍测试环境及其配置。比如可以包括以下的内容（如果系统/项目比较大，下面的清单则用表格方式列出）。

①数据库服务器配置

CPU：2.6 GHz

内存：1GB

硬盘：120 GB

操作系统：windows XP

应用软件：科研管理系统

机器网络名：PC-4032109

局域网地址：192.168.0.143

②应用服务器配置

……

③客户端配置

……

对于网络设备和要求也可以使用相应的表格。对于三层架构的网络设备，可以根据网络拓扑图列出相关配置。

（3）测试方法和工具

简要介绍测试中采用的方法和工具。

提示：主要是黑盒测试，测试方法可以写上测试的重点和采用的测试模式，这样可以一目了然地知道是否遗漏了重要的测试点和关键块。工具为可选项，当使用到测试工具和相关工具时，要予以说明。注意要注明是自产还是厂商生产，版本号是多少。在测试报告发布后要避免工具的版权问题。

4．测试结果及缺陷分析

在整个测试报告中这是最激动人心的部分，这部分主要汇总了各种数据并进行度量。度量包括对测试过程的度量和能力评估、对软件产品的质量度量和产品评估。对于不需要过程度量或者相对较小的项目，例如用于验收时提交用户的测试报告、小型项目的测试报告，可省略过程方面的度量部分。而采用了 CMM/ISO 或者其他工程标准过程的，需要提供过程改进建议和参考的测试报告，该报告主要用于公司内部测试改进和缺陷预防机制，另外，过程度量也需要列出。

（1）测试执行情况与记录

描述测试资源消耗情况，记录实际数据（测试、项目经理关注部分）。

（2）测试组织

可列出简单的测试组的架构图，包括以下方面：

测试组架构（如存在分组、用户参与等情况）

测试经理（领导人员）

主要的测试人员

参与的测试人员

（3）测试时间

列出测试的跨度和工作量，最好区分测试文档和活动的时间。数据可供过程度量时使用。例如，可以包括以下内容：

×××子系统/子功能

实际开始时间和实际结束时间

总工时/总工作日

任务、开始时间、结束时间、总计

合计

提示：对于大系统/项目来说，最终要统计资源的总投入，必要时要增加成本一栏，以便管理者清楚地知道究竟花费了多少人力去完成测试。

测试类型、人员成本、工具设备、其他费用

总计

提示：在数据汇总时可以统计个人的平均投入时间和总体时间、整体投入的平均时间和总体时间，还可以算出每一个功能点所花费的时/人。

用时人员、编写用例、执行测试、总计

合计

提示：这部分是用于过程度量的数据，包括文档生产率和测试执行率。

生产率人员、用例/编写时间、用例/执行时间、平均

合计

（4）测试版本

给出测试的版本。如果是最终报告，可能要报告测试次数回归测试多少次。列出表格清单则便于知道某个子系统/子模块的测试额度。对于多次回归的子系统/子模块，应让开发者予以关注。

（5）覆盖分析

①需求覆盖

需求覆盖率是指经过测试的需求/功能和需求规格说明书中所有需求/功能的比值，通常情况下要达到100%的目标。需求覆盖率通常包括以下方面：

需求/功能（或编号）、测试类型、是否通过、备注

［Y］［P］［N］［N/A］

根据测试结果，按编号给出每一测试需求通过与否的结论。P表示部分通过，N/A表示不可测试或者用例不适用。实际上，需求跟踪矩阵列出了一一对应的用例情况以避免遗漏，以上内容的作用是传达需求的测试信息，以供检查和审核。

需求覆盖率计算方法如下：

Y项/需求总数×100%

②测试覆盖

测试覆盖包括以下方面：

需求/功能（或编号）、用例个数、执行总数、未执行、漏测分析和原因

实际上，这是用例已经记载了预期结果的数据，测试缺陷上说明了实测结果数据与预期结果数据的偏差，因此没有必要对每个编号对应的缺陷记录与偏差进行说明，列表的目的仅在于更好地查看测试结果。

测试覆盖率计算方法如下：

执行数/用例总数×100%

（6）缺陷的统计与分析

缺陷统计主要涉及被测系统的质量，因此，这一部分成为开发人员、质量人员重点关注的部分。

（7）缺陷汇总

缺陷汇总通常包括：

被测系统、系统测试、回归测试、总计

合计

缺陷汇总按严重程度可包括：严重、一般、微小

缺陷汇总按缺陷类型可包括：用户界面、一致性、功能、算法、接口、文档、

其他

缺陷汇总按功能分布可包括：功能一、功能二、功能三、功能四、功能五、功能六、功能七等

最好给出缺陷的饼状图和柱状图以便直观查看。俗话说"一图胜千言"，图表能够使阅读者迅速获得信息，尤其是当各层次的管理人员没有时间去逐项阅读文章时。

（8）缺陷分析

本部分对上述缺陷和其他收集数据进行综合分析。通常用到如下公式：

缺陷发现效率＝缺陷总数/执行测试用时

用例质量＝缺陷总数/测试用例总数×100%

缺陷密度＝缺陷总数/功能点总数

由缺陷密度可以得出系统各功能或各需求的缺陷分布情况，开发人员可以在此分析基础上得出哪部分功能/需求的缺陷最多，从而在今后开发项目时注意避免并在实施时予以关注。测试经验表明，测试缺陷越多的部分，其实际隐藏的缺陷也越多。

另外，缺陷分析一般还包括以下部分：

测试曲线图（描绘被测系统每工作日/周缺陷数情况，得出缺陷走势和趋向）

重要缺陷摘要（一般分为缺陷编号、简要描述、分析结果、备注）

（9）残留缺陷与未解决的问题

①残留缺陷

一般包括以下方面：

编号 BUG 号

缺陷概要：该缺陷描述的事实

原因分析：引起缺陷的原因，缺陷的后果，描述造成软件局限性和其他限制性的原因

预防和改进措施：弥补手段和长期策略

②未解决的问题

一般包括以下方面：

功能/测试类型：即具体实现的功能和要测试的类型

测试结果：与预期结果的偏差

缺陷：具体描述

评价：对这些问题的看法，也就是这些问题如果发生了会造成什么样的影响

5. 测试结论与建议

这一部分报告为总结，即对上述测试过程、缺陷分析下结论。此部分一般被项目经理、部门经理以及高层经理所关注，所以要清晰扼要地下定论。

（1）测试结论

一般包括以下方面：

测试执行是否充分（可以增加对安全性、可靠性、可维护性和功能性的描述）

对测试风险的控制措施及其成效

测试目标是否完成

测试是否通过

是否可以进入下一阶段项目要实现的目标

（2）建议

一般包括如下几方面：

对系统存在问题的说明、描述测试所揭露的软件缺陷和不足以及可能给软件实施和运行带来的影响

可能存在的潜在缺陷和后续应做的工作

对缺陷的修改和产品设计的建议

对过程改进方面的建议

测试报告的内容大同小异，对于一些测试报告而言，可能将后面两部分合并，并逐项列出测试项、缺陷、分析和建议，这种做法也比较多见，尤其在第三方评测报告中。

任务六　实验实训

实训项目：科研管理系统

运用所学课程知识，结合所学开发语言，对科研管理系统进行测试并编写科研管理系统的测试报告。

小结

软件测试是保证软件质量、提高软件可靠性的手段之一。测试阶段的根本任务是发现并改正软件中的错误。本单元在介绍了编码语言、软件测试的概念、测试原则的基础上，对软件测试方法中的黑盒测试、白盒测试进行了详细的描述，同时还对单元测试、集成测试、功能测试和系统测试等各阶段的测试策略和过程进行了介绍，最后介绍了软件测试报告。

设计测试方案是测试阶段的关键技术问题，其基本目标是选用最少量的高效测试用例，做到尽可能完善地进行测试，从而尽可能多地发现软件中的问题。设计测试方案的实用策略是：用黑盒法（边界值分析、等价类划分和错误推测法等）设计基本的测试方案，再用白盒法补充一些必要的测试方案。

软件项目验收与维护

任务一　熟悉项目验收流程

📖 **任务描述**

科研管理系统经过测试和试运行 1 个月后，准备验收，该如何进行验收呢？

📖 **核心知识**

在软件项目结束过程中，需要对项目进行验收，对项目的成果和整个研发的过程进行审验和接收。

一、验收目的

验证信息应用（软件）系统是否符合设计需求，功能实现的正确性及运行安全可靠性。通过系统的软件验收测试，可以发现软件存在的、潜在的重大问题，最大限度地保证软件工程质量。

二、验收单位

信息应用系统验收由用户单位组织，监理单位协助，承建单位支持完成。

三、验收依据

验收依据包括合同及合同附件、有关技术说明文件及适用的标准。

验收项目的划分参照 GB/T 16260 标准。在该标准中，软件的质量特性分为 6 个大特性、21 个子特性，而对于具体的软件，并非都要进行这 21 个特性的测试和评价。本文选取的是最通用的子特性部分，针对各种不同的软件，可以对验收项目进行剪裁或扩充，请参考附录"GB/T 16260 软件质量评价特性"。

四、验收准则

1. 软件产品符合"合同"或"验收标准"规定的全部功能和质量要求。

2. 文档齐全、符合"合同"或"验收标准"要求及有关标准的规定。

3. 文档和文档一致，程序和文档相符。

4. 对被验收软件的可执行代码，在验收测试中查出的错误总数，依错误严重性不超过业主单位事先约定的限定值。

5. 配置审核时查出的交付文档中的错误总数不超过业主单位事先约定的限定值。

五、项目初验

（一）初验条件

1. 承建单位提交了合同规定的文档。

2. 软件产品已纳入配置管理并可交付。

3. 软件系统已通过测试，必要时，监理机构应要求承建单位提交第三方测试机构出具的测试报告，第三方测试机构应经业主单位和监理机构同意。

4. 承建单位已完成相关的培训工作。

5. 软件系统已在业务部门投运。

（二）初验流程

1. 提交验收申请。承建单位以书面形式向业主单位和监理单位提交初验申请表（见附表一）。同时按照合同要求提交技术文档，包括：软件配置内容、软件源代码及编译配置说明；验收方案草案、培训报告等。

2. 评审初验申请。业主单位、监理单位审核承建单位初验申请是否符合合同约定的初验条件；审核承建单位验收方案（验收计划、验收目标、责任双方、验收范围、验收提交清单、验收标准、验收方法等）的符合性及可行性。若审核通过，则通知承建单位，并三方共同确定验收计划和验收方案，开启以下验收流程；未通过审核，通知承建单位进行整改。

3. 组建验收组织。业主单位与监理单位协调成立专门的验收小组，作为验收的组织机构。验收小组由业主单位代表、监理单位代表、承建单位代表及邀请的技术专家组成员组成。验收小组一般由不少于 5 人（单数）组成，设组长 1 人，成员若干人。

4. 初验评审。验收小组召开初验评审会，对项目进行初验评审，并重点审核如下要点：

（1）与合同的一致性。

（2）与系统需求的一致性。

（3）与预期结果的符合程度，包括但不限于与信息资源规划、业务流程再造需求及业务持续改进需求和业务指标评价体系的符合程度。

（4）与业务需求的符合程度。

（5）与运行环境的适用性。

（6）运作和维护的可行性。

对存在问题或疑问的内容，由监理单位开具《监理通知单》，要求承建单位整改后重新报审。

5. 初验意见。初验通过，验收小组签署《项目验收意见》（见附表五）。

若不通过，则由监理单位出具监理通知书，责成承建单位限期整改完善，条件具体时再安排组织初验。

六、项目终验

（一）终验条件

（1）初验合格。

（2）已通过计算机软件确认测试评审。

（3）已通过系统测试评审。

（4）合同或合同附件规定的各类文档齐全。

（5）软件产品已置于配制管理之下。

（6）合同或合同附件规定的其他验收条件。

（7）试运行正常或者出现的问题已经得到解决。

（二）验收依据

合同及合同附件、有关技术说明文件及适用的标准。

（三）验收流程

1. 提交验收申请。承建单位以书面形式向业主单位和监理单位提交验收申请表（见附表二）。同时按照合同要求提交技术文档，包括：软件配置内容、软件源代码及编译配置说明；验收方案草案、验收测试方案等。

2. 评审验收申请。业主单位、监理单位对项目验收申请进行审核。若审核通过，则通知承建单位，并三方共同确定验收计划和验收方案，开启以下验收流程；未通过审核，则通知承建单位进行整改。

3. 验收准备。充分的验收准备为验收测试结果的准确性提供了保证。开发商提交的验收文档应保证软件开发涉及的所有过程已经全部置于文档控制之下，文档应包括软件开发中使用的辅助设计软件的工程文件，例如数据库设计软件 PowerDesigner，流程设计软件 Rose，等等。在验收准备期间广泛听取最终用户的使用意见，可以为有针对性地检查软件的缺陷提供帮助。验收准备阶段的工作包括收集开发商编制的源码、文档、安装程序、控件等，还包括向最终用户（甲方）项目组征集满意度调查表；期间应确定开发商和最终用户的固定联系方式。

（1）开发商资料收集。

根据软件项目的特点，在验收时应收集以下文档：

编号	名称	形式	介质
1	项目开发计划	文档	电子、纸质
2	软件需求说明书	文档	电子、纸质
3	系统概要设计说明书	文档	电子、纸质
4	总体设计说明书	文档	电子、纸质
5	数据库设计说明书	文档	电子、纸质
6	详细设计文档	文档	电子、纸质
7	为本项目开发的软件源代码	文档	电子、纸质
8	FAT&SAT 报告	文档	电子、纸质
9	试运行报告	文档	电子、纸质
10	性能测试报告、功能测试报告	文档	电子、纸质
11	项目实施报告	文档	电子、纸质
12	培训计划	文档	电子、纸质
13	服务计划	文档	电子、纸质
14	维护手册	文档	电子、纸质
15	用户手册	文档	电子、纸质
16	应用软件清单	文档	电子、纸质
17	系统参数配置说明	文档	电子、纸质
18	所提供的第三方产品的技术说明和操作、维护资料	文档	电子、纸质
19	系统崩溃及恢复步骤文档	文档	电子、纸质
20	技术服务和技术培训等相关资料	文档	电子、纸质
21	项目总结报告	文档	电子、纸质

除上述文档外，还应单独收集、保存各应用软件源程序代码及开发商所用第三方资源信息。开发商所使用的第三方控件，除已经得到审计部署的许可之外，必须提供控件的源代码，并拥有授权使用的证明或保证（由开发商提供无版权争议承诺书）；对于原始程序代码，要求能够在本地不经过任何特殊设置，即可编译并正常运行。源程序清单中列举的项目应该和源程序一一对应。

（2）最终用户资料收集。依据软件开发需求说明书和概要设计说明书，编写相关软件的用户满意度调查表，该调查表应该涵盖软件在需求说明书中列举的所有模块，包含软件在不同操作系统下的运行情况等。最终用户或甲方项目组按照实际情况填写该调查表。

4. 组建验收组织。业主单位与监理单位协调成立专门的验收小组，作为验收的组织机构。

验收小组主持整个软件验收工作，包括：判定所验收的软件是否符合合同的要求、审定验收测试计划、组织验收测试和配置审核、进行验收评审、形成验收报告，并根据实际情况组建验收测试组和配置审核组。

5. 审核文档资料。配置审核组对项目验收相关文档进行审核。对存在问题或疑问的内容，由监理方开具《监理通知单》，要求承建方整改后重新报审。

承建单位需在验收前提交如下软件文档：

（1）可执行程序、源程序、配置脚本、测试程序或脚本。

（2）主要的开发类文档：需求说明书、概要设计说明书、详细设计说明书、数据库设计说明书、测试计划、测试报告、程序维护手册、程序员开发手册、用户操作手册和项目总结报告。

（3）主要管理类文档：项目计划书、质量控制计划、配置管理计划、用户培训计划、质量总结报告、评审报告、会议记录和开发进度月报。

6. 验收测试。承建单位应提交验收测试的方案，经审定后，由验收测试组织实施。验收测试的内容应该（不限于）包括：

（1）功能项测试。对软件需求规格说明书中的所有功能项进行测试。

（2）业务流程测试。对软件项目的典型业务流程进行测试。

（3）容错测试。容错测试的检查内容包括：

①软件对用户常见的误操作是否能进行提示。

②软件对用户的操作错误和软件错误，是否有准确、清晰的提示。

③软件对重要数据的删除是否有警告和确认提示。

④软件是否能判断数据的有效性，屏蔽用户的错误输入，识别非法值，并有相应的错误提示。

（4）安全性测试。安全性测试的检查内容包括：

①软件中的密钥是否以密文方式存储。

②软件是否有留痕功能，即是否保存有用户的操作日志。

③软件中各种用户的权限分配是否合理。

（5）性能测试。对软件需求规格说明书中明确的软件性能进行测试。测试的准则是要满足规格说明书中的各项性能指标。

（6）易用性测试。易用性测试的内容包括：

①软件的用户界面是否友好，是否出现中英文混杂的界面。

②软件中的提示信息是否清楚、易理解，是否存在原始的英文提示。

③软件中各个模块的界面风格是否一致。

④软件中的查询结果的输出方式是否比较直观、合理。

（7）适应性测试。参照用户的软、硬件使用环境和需求规格说明书中的规定，列出开发的软件需要满足的软、硬件环境，对每个环境进行测试。

（8）文档测试。用户文档包括：安装手册、操作手册和维护手册。对用户文档测试的内容包括：

①操作、维护文档是否齐全、是否包含产品使用所需的信息和所有的功能模块。

②用户文档描述的信息是否正确，是否没有歧义和错误的表达。

③用户文档是否容易理解，是否通过使用适当的术语、图形表示、详细的解释来表达。

④用户文档对主要功能和关键操作是否提供应用实例。

⑤用户文档是否有详细的目录表和索引表。

7. 验收评审会。验收小组在完成项目验收文档审核和验收测试后，召开验收评审会，对项目进行评审验收。

（1）验收评审会准备工作。

①确定会议规模、时间、地点、人员。

②确定会议议程。

③发出会议邀请或通知。

④承建单位准备项目建设汇报材料（文字材料和 PPT 讲稿）。

⑤业务部门准备《用户使用报告书》（见附表四）。

⑥监理单位准备《监理验收意见》。

（2）组建专家组。

①由建设方、承建单位和监理方共同推荐专家评审组名单。

②政府采购中心或项目投资单位派工作人员或专家参与。

③向专家组成员发出评审邀请。

④准备专家验收评审表（见附件五）。

（3）召开验收评审会。

①领导致辞。

②由业主单位介绍本项目招标需求情况，并推举一名评审组长。

③由承建单位汇报本项目建设总体情况，重点阐述项目背景（合同情况）、目标任务、开发方法、项目效果、存在问题等内容。

④配制审核组汇报项目验收配置审核报告。

⑤验收测试组汇报项目验收测试报告。

⑥用户代表汇报软件使用情况报告。

⑦监理单位汇报项目验收监理意见。

⑧专家组对建设情况及验收技术步骤进行评价。

⑨专家组查看评价验收时提交的各种技术文档，由承建单位回答验收专家的各种问题。

⑩专家组经商议提交验收结论，签署专家验收文件（若不通过，则提出相应整改意见，并另行选择再次验收日期）。

⑪验收小组根据专家组的意见签署《项目验收意见》（见附表六）。

8. 文档移交。

（1）向业主单位移交全部软件验收技术文档（纸介质、电子档各五份）。

（2）将所有签署的验收材料绘制成册，编制成完整的验收报告，包括验收申请书、用户使用报告书、专家评审表、工程交付验收意见表、验收备忘录、工程交付验收报审表、监理通知书、监理验收意见、项目总结报告等，提交相关部门逐一盖章。在项目验收合格并签署《项目验收意见》一周内，完成文档移交，用户单位、监理单位、承建单位签署《文档移交清单》。

对未通过评审的项目，监理单位根据验收评审会意见发出整改通知，承建单位进行整改，并重新进行预验收和验收评审。

9. 遗留问题。验收评审会上认为仍有遗留问题的，在《验收备忘录》中记录。说明遗留问题的处理方法和责任以及时间要求，由承建单位限期完工。

10. 验收不通过处理。承建单位应根据验收评审意见尽快修正有关问题，重新进行验收或者转入合同争议处理程序。

附录：

GB/T 16260 软件质量评价特性

1. 功能性

与一组功能及其指定的性质有关的一组属性，这里的功能是指满足明确或隐含的需求的那些功能。这组属性以软件为满足需求做些什么来描述，而其他属性则以何时做和如何做来描述。

1.1. 适合性

与规定任务能否提供一组功能以及这组功能的适合程度有关的软件属性，适合程度的例子是面向任务系统中由子功能构成功能是否合适表容量是否合适等。

1.2. 准确性

与能否得到正确或相符的结果或效果有关的软件属性，例如此属性包括计算值所需的准确程度。

1.3. 互操作性、互用性

与同其他指定系统进行交互的能力有关的软件属性（为避免可能与易替换性的含义相混淆，此处用互操作性、互用性而不用兼容性）。

1.4. 依从性

使软件遵循有关的标准约定法规及类似规定的软件属性。

1.5. 安全性

与防止对程序及数据的非授权的故意或意外访问的能力有关的软件属性。

2. 可靠性

与在规定的一段时间和条件下软件维持其性能水平的能力有关的一组属性，即软件不会老化。可靠性的种种局限是由需求、设计和实现中的错误所致。由这些错误引起的故障取决于软件产品使用方式和程序任选项的选用方法，而不取决于时间的流逝。

2.1. 成熟性

与由软件故障引起失效的频度有关的软件属性。

2.2. 容错性

与在软件故障或违反指定接口的情况下维持规定的性能水平的能力有关的软件属性，指定的性能水平包括失效防护能力。

2.3. 易恢复性

与在失效发生后重建其性能水平并恢复直接受影响数据的能力以及为达此目的所需的时间和努力有关的软件属性。

3. 易用性

3.1. 易理解性

与用户为认识逻辑概念及其应用范围所花的努力有关的软件属性。

3.2. 易学性

与用户为学习软件应用例如运行控制输入输出所花的努力有关的软件属性。

3.3. 易操作性

与用户为操作和运行控制所花努力有关的软件属性。

4. 效率

与在规定的条件下，软件的性能水平与所使用资源量之间关系有关的一组属性。

4.1. 时间特性

与软件执行其功能时响应和处理时间以及吞吐量有关的软件属性。

4.2. 资源特性

与在软件执行其功能时所使用的资源数量及其使用时间有关的软件属性。

5. 维护性

与进行指定的修改所需的努力有关的一组属性。

5.1. 易分析性

与为诊断缺陷或失效原因及为判定待修改的部分所需努力有关的软件属性。

5.2. 易改变性

与进行修改排除错误或适应环境变化所需努力有关的软件属性。

5.3. 稳定性

与修改所造成的未预料结果的风险有关的软件属性。

5.4. 易测试性

与确认已修改软件所需的努力有关的软件属性（此子特性的涵义可能会被研究中的修改加以改变）。

6. 可移植性

与软件可从某一环境转移到另一环境的能力有关的一组属性。

6.1. 适应性

与软件无需采用有别于为该软件准备的活动或手段就可能适应不同的规定环境有关的软件属性。

6.2. 易安装性

与在指定环境下安装软件所需努力有关的软件属性。

6.3. 遵循性

使软件遵循与可移植性有关的标准或约定的软件属性。

6.4. 易替换性

与软件在该软件环境中用来替代指定的其他软件的机会和努力有关的软件属性。

附表一：初验申请表

验收申请表（初验）

招标编号_____

项目名称	
建设单位	

<table>
<tr><td colspan="2" align="center">承建单位</td></tr>
<tr><td colspan="2">

致：_____

_____（监理方）

    按照合同及信息系统集成的规范要求，我方已完成了该项目的开发和实施投运工作，并满足合同约定的初验要求，特报请项目初验。

施工单位：

项目经理：

日期：

</td></tr>
<tr><td colspan="2">

监理方意见：

监理单位：

代表：

日期：

</td></tr>
<tr><td colspan="2">

建设单位意见：

建设单位：

代表：

日期：

</td></tr>
</table>

本表一式三份，建设单位、监理单位、施工单位各一份。

附表二：终验申请表

验收申请表（终验）

招标编号_____

项目名称	
建设单位	

承建单位

致：_____

_____（监理方）

　　按照合同及信息系统集成的规范要求，我方已完成并于_____年_____月_____日试运行顺利完成，现系统运行稳定，满足合同验收要求，特报请竣工验收。

施工单位：

代表：

日期：

监理方意见：

监理单位：

代表：

日期：

建设单位意见：

建设单位：

代表：

日期：

本表一式三份，建设单位、监理单位、施工单位各一份。

附表三：监理通知书

监理通知书

编号		项目名称	
类型	□转发通知□会议通知□监理意见（需要反馈）√		
接收单位			

事由：

内容：

编写：

审核：

日期：　　年　　月　　日

附表四：用户使用报告书

用户使用报告书

一、承建单位申请验收系统名称	
项目名称	承建单位
二、使用情况说明	
三、存在问题及建议（列出目前存在的问题及建议）	
四、负责人签字、盖章	
业务部门：	
部门负责人（签字）：　　　　　　　　　　日期：	
单位名称（盖章）：	
单位负责人（签字）：　　　　　　　　　　日期：	

附表五：专家验收评审表

专家验收评审表

项目名称	
承建单位	
专家组验收评审意见	专家组组长签名：　　　　　　日期：

附表六：项目验收意见

项目验收意见

项目名称：			
建设单位：		承建单位：	
启动日期：		上线日期：	
验收地点：			
验收结论： 　　×××××× 综上所述，验收组一致同意该项目通过验收！			
建设单位意见： 项目负责人（签字、单位盖章）：　　　　　　日期：			
监理单位意见： 总监理工程师（签字、单位盖章）：　　　　　　日期：			
承建单位意见： 项目经理（签字、单位盖章）：　　　　　　日期：			

附表七：验收备忘录

项目名称：	
验收日期：	
主题：	关于项目验收备忘录
内容描述：	
建设单位意见： 项目负责人（签字、盖章）：　　　　日期：	
监理单位意见： 总监理工程师（签字、盖章）：　　　　日期：	
承建单位意见： 项目经理签字（盖章）：　　　　日期：	

任务二　了解软件维护的概念及特点

任务描述

　　科研管理系统通过验收，正式结项后，在上线以来，运行基本稳定。为响应"放管服"政策，广东省高校职称评审已下放至各个高校，因此，要求科研管理系统必须要有能统计和确认个人科研材料情况的能力，科研管理系统需要进行系统维护。针对这样的情况，此次维护应该属于哪种类型的维护？

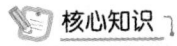 核心知识

一、软件维护的概念

软件维护是指在软件运行或维护阶段对软件产品所进行的修改，这些修改可能是改正软件中的错误，也可能是增加新的功能性能以适应新的需求，但是一般不包括软件系统结构上的重大改变。根据软件维护的不同原因，软件维护可以分成四种类型。

1. 改正性维护。在软件交付使用后，由于开发时测试得不彻底或不完全，在运行阶段会暴露一些开发时未能测试出来的错误。为了识别和纠正软件错误，改正软件性能上的缺陷，避免实施中的错误使用，应当进行的诊断和改正错误的过程，就是改正性维护。这方面的维护工作量要占整个维护工作量的17%—21%。

2. 适应性维护。随着计算机技术的飞速发展和更新换代，软件系统所需的外部环境或数据环境可能会更新和升级，如操作系统或数据库系统的更换等。为了使软件系统适应这种变化，需要对软件进行相应的修改，这种维护活动称为适应性维护。这方面的维护工作量要占整个维护工作量的18%—25%。

3. 完善性维护。在软件的使用过程中，用户往往会对软件提出新的功能与性能要求。为了满足这些要求，需要修改或再开发软件，以扩充软件功能、增强软件性能、改进加工效率、提高软件的可维护性。这种情况下进行的维护活动叫作完善性维护。完善性维护不一定是救火式的紧急维修，它可以是有计划的一种再开发活动。这方面的维护工作量要占整个维护工作量的50%—60%，比重较大。

4. 预防性维护。这类维护是为了提高软件的可维护性、可靠性等，为以后进一步改进软件打下良好基础的维护活动。具体来讲，就是采用先进的软件工程方法对需要维护的软件或软件中的某一部分重新进行设计、编码和测试的活动。这方面的维护工作量要占整个维护工作量的4%左右。

二、软件维护的特点

1. 软件维护受开发过程影响大。虽然软件维护发生在软件发布运行之后，但是软件开发过程却在很大程度上影响着软件维护的工作量。如果采用软件工程的方法进行软件开发，保证每个阶段都有完整且详细的文档，这样维护就会相对容易，通常称之为结构化维护。反之，如果不采用软件工程方法开发软件，软件只有程序而欠缺文档，则维护工作会变得非常困难，通常称之为非结构化维护。

在非结构化维护过程中，开发人员只能通过阅读、理解和分析源程序来了解系统功能、数据结构、软件结构、系统接口和设计约束等，这样做是非常困难的，也容易产生误解。要弄清楚整个系统，势必要花费大量的人力和物力，对修改源程序产生的后果难以估计。在没有文档的情况下，也不可能进行回归测试，难以保证程序的正

确性。

在结构化维护过程中，所开发的软件具有各个阶段的文档，这对于理解和掌握软件的功能、性能、体系结构、数据结构、系统接口和设计约束等有很大的作用。维护时，开发人员从分析需求规格说明开始，明白软件功能和性能上的改变，对设计说明文档进行修改和复查，再根据设计修改进行程序变动，并用测试文档中的测试用例进行回归测试，最后，将修改后的软件再次交付使用。这种维护有利于减少工作量和降低成本，能大大提高软件的维护效率。

2. 软件维护困难多。软件维护是一件十分困难的工作，其原因主要是软件需求分析和开发方法存在缺陷。软件开发过程中没有严格而又科学的管理和规划，便会引起软件运行时的维护困难。

软件维护的困难主要表现在以下几个方面：

（1）读懂别人的程序是很困难的，而文档的不足更增加了这种难度。一般开发人员都有这样的体会，修改别人的程序还不如自己重新编写程序。

（2）文档的不一致性是软件维护困难的又一个因素，主要表现在各种文档之间的不一致以及文档与程序之间的不一致，从而导致维护人员不知所措，不知怎样进行修改。这种不一致是由开发过程中文档管理不严造成的，开发中经常会出现修改程序而忘了修改相关的文档，或者某一个文档修改了，却没有修改与之相关的其他文档等现象，解决文档不一致的方法就是要加强开发工作中文档的版本管理。

（3）软件开发和软件维护在人员和时间上存在差异。如果软件维护工作是由该软件的开发人员完成，则维护工作相对比较容易，因为这些人员熟悉软件的功能和结构。但是，通常开发人员和维护人员是不同的，况且维护阶段持续时间很长，可能是 5 年~10 年的时间，原来的开发工具、方法和技术与当前有很大的差异，这也造成了维护的困难。

（4）软件维护不是一件吸引人的工作。由于维护工作的困难性，维护经常遭受挫折，而且很难出成果，所以高水平的程序员不愿意主动去做，而公司也不愿意让高水平的程序员去做。

3. 软件维护成本高。随着软件规模和复杂性的不断增长，软件维护的成本呈现上升的趋势。目前软件维护的成本占据总成本的 70%—80%。

任务三　掌握软件的可维护性

任务描述

软件的可维护性与哪些因素有关？应该采取哪些措施提高软件的可维护性？

核心知识

软件的可维护性是软件产品的一个重要特性。对软件维护性进行度量，不仅有利于了解软件是否满足规定的维护性要求，而且有助于及时发现维护性设计缺陷，还可以作为更改设计或维护安排的依据，指导软件维护性的分析和设计。可维护性是指导软件工程各个阶段工作的一条基本原则，也是软件工程追求的目标之一。

目前广泛使用七个特性来衡量程序的可维护性。并且对于不同类型的维护，这七种特性的侧重点有所不同。表 7.1 显示了在各类维护中应侧重哪些特性。

表 7.1　在各类维护中的侧重点

	改正性维护	适应性维护	完善性维护
可理解性	√		
可测试性	√		
可修改性	√	√	
可靠性	√		
可移植性		√	
可使用性		√	√
执行效率			√

1. 可理解性。软件的可理解性表现在人们通过阅读源程序代码和相关文档，了解程序的结构、功能及使用的容易程度。一个可理解性好的程序应具备以下特性：

（1）编码环境：选择高级程序设计语言。

（2）模块化：模块结构良好、功能独立。

（3）编程风格：使用有意义的数据名和过程名，语句间层次关系清晰。

（4）文档说明：必要的注释，详细的设计文档和程序内部的文档。

2. 可测试性。软件的可测试性取决于验证程序正确性的难易程度。程序复杂程度、结构组织情况，都直接影响对程序的全面理解，也影响着测试数据的选择，最终决定了测试工作的有效性和全面性。对于程序模块，可用程序复杂性来度量可测试性。程序的环路复杂性越大，程序的路径就越多，因此，全面测试程序的难度就越大。

3. 可修改性。可修改性是指修改程序的难易程度。一个具有可理解性的程序也具有较好的可修改性，另外，采用的编程环境及程序的结构划分等都对可修改性有影响。在进行程序设计时，应该采用模块化程序设计，模块的逻辑结构清晰，控制结构不要过于复杂，嵌套结构的层次也不要过深，且模块具有低耦合、高内聚的特点，这些都有助于对程序进行修改且相对较少地引入新的错误。

4. 可靠性。可靠性是指一个程序在满足用户功能需求的基础上，在一定时间内正确执行的概率，可靠性的度量标准有：平均失效间隔时间、平均修复时间。软件的平均失效间隔时间越长，平均修复时间越短，说明软件的可靠性越好，这样有助于减少由于修复软件而出现更多错误的情况，有利于维护工作的进行。

5. 可移植性。可移植性是指将程序从原来环境中移植到一个新的计算机环境的难易程度，它在很大程度上取决于编程环境、程序结构的设计、对硬件以及其他设备等的依赖程度。一个可移植的程度良好、设计灵活、不依赖或较少依赖某一具体计算机或操作系统的程序，对其进行局部修改就可运行于新的计算机环境中。

6. 可使用性。可使用性是指某一功能模块在软件实现过程中的重复使用频率。通常情况下，可使用的软件构件都是经过严格测试和多次使用的，这些构件的可靠性和可测试性都比重新设计的模块要好，因此，软件系统中使用的可使用构件越多，软件的可靠性越好，改正性维护的需求越少，完善性和适应性维护越容易。

7. 执行效率。执行效率是指软件在运行过程中对机器资源的浪费程度，即对存储容量、通道容量和执行时间的使用情况。编程时，不能一味地追求高效率，有时也要牺牲部分的执行效率而提高程序的其他特性。

任务四　了解软件维护的步骤

任务描述

如果你是测试人员，客户在使用过程中，发现系统不稳定，需要维护，你可以不经过交流直接去维护吗？应该如何进行软件维护？

核心知识

软件维护工作包括建立维护组织、报告与评价维护申请、实施维护流程等步骤。软件维护组织一般是非正式的组织，但是明确参与维护工作的人员职责是十分必要的。

软件维护工作的整个过程包括维护申请、维护分类、影响分析、版本规划、变更实施和软件发布等步骤。当开发组织外部或内部提出维护申请后，维护人员首先应该判断维护的类型，并评价维护所带来的质量影响和成本开销，决定是否接受该维护请求，并确定维护的优先级。其次，根据所有被接受维护的优先级，统一规划软件的版本，决定哪些变更在下一个版本完成，哪些变更在更晚推出的版本完成。最后，维护人员实施维护任务并发布新的版本。

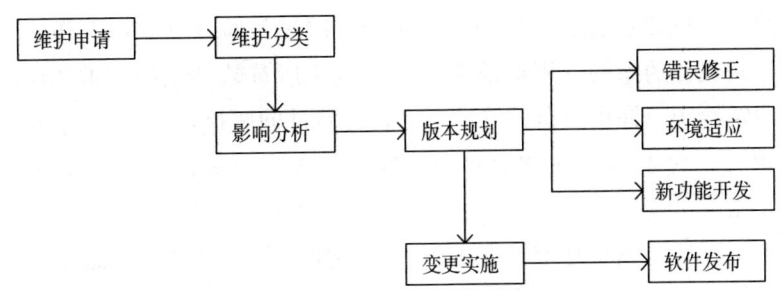

图 7.1　软件维护过程

在影响分析和版本规划的过程中，不同的维护类型需要采用不同的维护策略。

（1）改正性维护。首先应该评价软件错误的严重程度，对于十分严重的错误，维护人员应该立即实施维护；对于一般性的错误，维护人员可以将有关的维护工作与其他开发任务一起进行规划。在有些情况下，有的错误非常严重，以致不得不临时放弃正常的维护控制工作程序，即不对修改可能带来的副作用做出评价，也不对文档作相应的更新，而是立即进行代码的修改。这是一种救火式的改正性维护，只有在非常紧急的情况下才会使用，这种维护在全部维护中只占很小的比例。应当说明的是，救火式维护不是取消，而是推出了维护所需要的控制和评价。一旦危机取消，这些控制和评价活动必须进行，以确定当前的修改不会增加更为严重的问题。

（2）适应性维护。首先应该确定软件维护的优先级次序，再与其他开发任务一起进行规划。

（3）完善性维护。考虑到商业上的需要和软件的发展趋势，有些完善性维护可能不会被接受。对于被接受的维护申请，应该确定其优先级次序以规划其他开发工作。

对于任何类型的软件维护来说，维护实施的技术工作基本都是相同的，主要包括设计修改、设计评审、代码修改、单元测试、集成测试、确认测试和复审。在维护流程中，最后一项工作是复审，即重新验证和确认软件配置所有成分的有效性，并确保在实际上完全满足了维护申请的要求。

任务五　编写软件维护报告

任务描述

根据模块制作一份软件维护报告。

核心知识

适应性维护和完善性维护的过程与产品开发过程基本相同，维护过程中的很多文档是对需求分析、概要设计、详细设计、编码、测试等阶段文档的升级。在维护的过程中，应该注意文档的编写，用标准化的格式表达所有软件维护要求和维护过程。软件维护人员通常给用户提供空白的维护要求表（软件问题报告），这个表格由提出维护活动的用户填写。对于适应性维护和完善性维护要求，应该提出一个简短的需求说明书。

用户根据实际情况填写好维护要求表是计划维护活动的基础。维护单位也应对应制定一个软件修改报告。软件修改报告包含下述信息：

①满足维护要求表中提出的要求所需要的工作量。

②维护要求的性质。

③这项要求的优先次序。

④与修改有关的事后数据。

在拟定进一步的维护计划之前，把软件修改报告提交给变化授权人审查批准。

维护报告应该包括变更履历表、项目状态信息表、维护项目工时信息表和维护记录表。

1. 变更履历表。变更履历表主要记录软件维护过程中系统的变更原因、变更状态等信息。如表7.2所示。

表7.2　变更履历表

序号	版本	变化状态	简要说明（变更内容、变更位置、变更原因和变更范围）	变更日期	变更人	审核人	批准人

2. 项目状态信息表。项目状态信息表主要记录软件维护过程中项目的基本状态，如表7.3所示。

表7.3　项目状态信息表

报告人			报告日期		
项目状态概况					
维护项目名称	总体状况	维护项目经理	目前所处阶段	风险状况	维护开始时间
维护单位名称		维护单位联系人		联系电话	

3. 维护项目工时信息表。项目维护工时信息表记录的是维护人员维护的耗时情况，如表 7.4 所示。

表 7.4　维护项目工时信息表

维护项目信息							
序号	维护项目人员姓名	小组	本汇报周期所用小时	本汇报周期投入率（%）	至今所用小时	至今总的工作日	备注
	合计						

4. 维护记录表。维护人员在维护项目的过程中需填写维护记录表，如表 7.5 所示。

表 7.5　维护记录表

序号	维护请求日期	问题描述	提交日期	维护规模	维护人

任务六　制作用户手册

任务描述

根据科研管理系统的配置过程所产生的文档制作一份用户手册。

核心知识

用户手册对于软件维护也有帮助，本节介绍有关用户手册的主要内容及写作规范。用户手册的编制要使用非专业术语的语言，充分地描述该软件系统所具有的功能及基本的使用方法，使用户通过本手册能够了解该软件的用途，并且能够确定在什么情况下如何使用。

用户手册的主要内容及写作要求如下：

1. 引言

1.1 编写目的【阐明编写手册的目的，指明读者对象】

1.2 项目背景【说明项目来源、委托单位、开发单位及主管部门】

1.3 定义【列出手册中使用的专门术语的定义和缩写词的原意】

1.4 参考资料【列出有关资料的作者、标题、编号、发表日期、出版单位或资料来源，可包括：a. 项目的计划任务书、合同或批文；b. 项目开发计划；c. 需求规格说明书；d. 概要设计说明书；e. 详细设计说明书；f. 测试计划；g. 手册中引用的其他资料、采用的软件工程标准或软件工程规范】

2. 软件概述

2.1 目标

2.2 功能

2.3 性能

a. 数据精度【包括输入、输出及处理数据的精度】；b. 时间特性【如响应时间、处理时间、数据传输时间等】；c. 灵活性【在操作方式、运行环境需做某些变更时软件的适应能力】。

3. 运行环境

3.1 硬件【列出软件系统运行时所需的硬件最小配置，如：a. 计算机型号、主存容量；b. 外存储器、媒体、记录格式、设备型号及数量；c. 输入、输出设备；d. 数据传输设备及数据转换设备的型号及数量】

3.2 支持软件【如：a. 操作系统名称及版本号；b. 语言编译系统或汇编系统的名称及版本号；c. 数据库管理系统的名称及版本号；d. 其他必要的支持软件】

4. 使用说明

4.1 安装和初始化【给出程序的存储形式、操作命令、反馈信息及其含意、表明安装完成的测试实例以及安装所需的软件工具等】

4.2 输入【给出输入数据或参数的要求】

4.2.1 数据背景【说明数据来源、存储媒体、出现频度、限制和质量管理等】

4.2.2 数据格式【如：a. 长度；b. 格式基准；c. 标号；d. 顺序；e. 分隔符；f. 词汇表；g. 省略和重复；h. 控制】

4.2.3 输入举例

4.3 输出【给出每项输出数据的说明】

4.3.1 数据背景【说明输出数据的去向使用频度、存放媒体及质量管理等】

4.3.2 数据格式【详细阐明每一输出数据的格式，如：首部、主体和尾部的具体形式】

4.3.3 举例

4.4 出错和恢复【给出：a. 出错信息及其含意；b. 用户应采取的措施，如修改、恢复、再启动】

4.5 求助查询【说明如何操作】

5. 运行说明

5.1 运行表【列出每种可能的运行情况，说明其运行目的】

5.2 运行步骤【按顺序说明每种运行的步骤】

5.2.1 运行控制

5.2.2 操作信息

a. 运行目的；b. 操作要求；c. 启动方法；d. 预计运行时间；e. 操作命令格式及格式说明；f. 其他事项。

5.2.3 输入/输出文件【给出建立或更新文件的有关信息】

a. 文件的名称及编号；b. 记录媒体；C. 存留的目录；d. 文件的支配【说明确定保留文件或废弃文件的准则，分发文件的对象，占用硬件的优先级及保密控制等】。

5.2.4 启动或恢复过程

6. 非常规过程【提供应急或非常规操作的必要信息及操作步骤，如出错处理操作、向后备系统切换操作以及维护人员须知的操作和注意事项】

7. 操作命令一览表【按字母顺序逐个列出全部操作命令的格式、功能及参数说明】

8. 程序文件（或命令文件）和数据文件一览表【按文件名字母顺序或按功能与模块分类顺序逐个列出文件名称、标识符及说明】

9. 用户操作举例

小结

承建单位（中标单位）通过系统测试后，具备交付条件，可进行项目验收，通过终验才能完成项目结项并结清款项等项目事宜。另外在软件生存周期中，维护工作是不可避免的，根据软件维护的不同原因，软件维护可以分成四种类型：改正性维护、完善性维护、适应性维护、预防性维护。

软件的可维护性是软件产品的一个重要质量特性，是软件开发各个阶段都努力追求的目标之一。本章在说明了项目验收流程、软件维护概念及特点的基础上，介绍了目前广泛使用的衡量程序的可维护性的七个特性：可理解性、可测试性、可修改性、可靠性、可移植性、可使用性、执行效率。然后又介绍了软件维护的步骤，不管是哪一类维护活动，维护工作都要有计划、有步骤地进行。最后介绍了软件维护报告和用户手册。

学习单元八

软件项目管理

任务一　了解项目管理

任务描述

随着信息技术的飞速发展，软件产品的规模也越来越庞大，个人单打独斗的作坊式开发方式已经越来越不适应发展的需要，各软件企业都在积极地将软件项目管理引入开发活动中，对开发实行有效的管理。那么项目管理包括哪些方面呢？

核心知识

做好一个项目到底有哪些制约因素呢？传统的项目管理认为，一个成功的项目应该是"多、快、好、省"，也就是实现的需求多、工期快、质量好、成本低。因此，涉及的制约因素为范围、时间、质量、成本。随着项目管理的发展，现代的项目管理认为，一个项目的制约因素包括：范围、时间、质量、成本、资源、风险、干系人等。因此，项目管理涉及五大过程和十大知识领域。

一、项目管理的定义

项目是在限定的资源及限定的时间内需完成的一次性任务。具体可以是一项工程、服务、研究课题及活动等。

软件项目管理就是为了使软件项目能够按照预定的成本、进度、质量顺利完成，运用各种相关技能、方法与工具，为满足或超越项目有关各方对项目的要求与期望，所开展的各种计划、组织、领导、控制等方面的活动。软件项目管理，先于任何技术活动开始，并且贯穿于软件的整个生命周期。

软件项目的组织管理不仅仅需要技术工程或科研方面的知识，而且需要多方面的综合知识，这些知识涉及系统工程、管理学、统计学、心理学、社会学、经济学乃至法律等方面的问题，尤其涉及设备因素，精神因素，人为因素，不是单一的技术问题。

二、软件项目管理的特点

因软件产品和其他任何产业的产品不同，它是非物质性的产品，是知识密集型的逻辑思维产品，这样看不见摸不着的产品将思维概念算法、流程组织效率和优化等因素综合在一块，是难以理解和驾驭的，软件的这种独特性，使软件项目管理过程更加复杂和难以控制。

如此软件项目管理主要特点如下：

（1）软件项目管理涉及的范围广泛，涉及软件开发进度与计划、人员配置与组织、项目跟踪与控制等。

（2）综合应用多方面的知识，特别是要涉及社会的因素，精神的因素，认知的因素，人的因素，这比技术问题复杂得多。

（3）人员配备情况复杂多变，组织管理难度大。

（4）管理技术的基础是实践，为取得项目技术成果必须反复实践。

三、软件项目管理的主要过程

软件项目开发成功必须对软件开发项目的工作范围、可能遇到的风险、需要的资源、要实现任务经历的里程碑、产生的工作量以及进度的安排等做到心中有数，而软件项目管理可以提供这些信息，任何技术先进的大型软件的项目的开发，如果没有一套科学的管理方法和严格的组织领导是不可能取得成功的。

软件项目管理的对象是软件工程项目。因此，软件项目管理涉及的范围将覆盖整个软件工程过程，软件项目管理主要活动可归纳为五大过程组（项目管理过程组）：启动过程组；计划过程组；执行过程组；监督与控制过程组；收尾过程组。

而在五大过程组中涉及十大知识领域的管理：整体管理、范围管理、进度管理、成本管理、质量管理、人力资源管理、沟通管理、风险管理、采购管理、干系人管理等。

具体来讲，每个工程组的任务为：

（1）启动过程组定义并批准项目或项目阶段。包括"制定项目章程"和"识别项目干系人"两个过程。

（2）计划过程组定义和细化目标，并为实现项目而要达到的目标和完成项目要解决的问题范围进行规划必要的行动路线。包括项目整体管理中的"制订项目管理计划"过程，项目范围管理中的"收集需求""定义范围""创建工作分解结构"过程，项目进度管理中的"定义活动""排列活动顺序""估算活动资源""估算活动历时""制定进度计划"过程，项目成本管理中的"估算成本""制订预算"过程，项目质量管理中的"规划质量"过程，项目人力资源管理中的"制订人力资源计划"过程，项目沟通管理中的"规划沟通"过程，项目风险管理中的"规划风险管理""识别风险""风险分析""规划风险应对"过程，项目采购管理中的"规划采购"等过程。

（3）执行过程组整合人员和其他资源，在项目的生命周期或某个阶段执行项目管理计划。包括项目整体管理中的"指导和管理项目执行"过程，项目质量管理中的"执行质量保证"过程，项目人力资源中的"组建项目团队""建设项目团队"过程，项目沟通管理中的"管理沟通"过程，项目采购中的"实施采购"等过程。

（4）监督与控制过程组要求定期测量和监控项目绩效情况，识别与项目管理计划的偏差，以便在必要时采取纠正措施，确保项目或阶段目标达成。包括项目整体管理中的"监督和控制项目工作""实施整体变更控制"过程，项目范围管理中的"控制范围"过程，项目进度管理中的"控制进度"过程，项目成本管理中的"控制成本"过程，项目质量管理中的"执行质量控制"过程，项目沟通管理中的"控制沟通"过程，项目风险管理中的"监督与控制风险"过程，项目采购管理中的"控制采购"等过程。

收尾过程组则是正式验收产品、服务或工作成果，有序地结束项目或项目阶段。包括项目整体管理中的"结束项目或阶段"过程，项目采购管理中的"结束采购"过程。

任何一个项目所必需的这五个项目管理过程组之间的依赖关系很清楚，对于每一个项目都是按照同样的顺序进行的。各个过程组及其过程在项目完成之前经常多次反复。项目管理各过程组成的五个过程组可以对应到 PDCA 循环，即戴明环："计划（Plan）—执行（Do）—检查（Check）—行动（Act）"循环。

任务二　了解项目整体管理

任务描述

项目经理张工根据在学校所学的项目管理知识，制定并发布了项目章程。由于工期紧，张工仅确定了项目负责人、组织结构、概要的里程碑计划和大致的预算，便组织相关人员进行项目研发工作。张工做对了吗？

核心知识

项目整体管理是对项目管理过程组中的不同过程和活动进行识别、定义、整合、统筹和协调的过程。整体管理负责管理项目的需求、范围、进度、成本、质量、人力资源、沟通、风险和采购，但这些方面是相互影响和制约的，因此整体管理必须努力在各个相互冲突的目标与方案之间权衡取舍。一般情况下，先制订出一个初步的整体计划，然后详细制订各个分计划，再用整体管理的方法综合成一个一致的整体计划。主要有以下六个过程：

一、制定项目章程

一个项目启动之前需编写一份正式文件，这份文件就是项目章程。项目章程的批准，标志着项目的正式启动。通过项目启动者或发起人发布项目章程，正式地批准项目并授权项目经理在项目活动中使用组织资源。

1. 项目章程应当包括以下内容：

（1）项目目的或批准项目的原因；

（2）可测量的项目目标和相关的成功标准；

（3）项目的总体要求；

（4）概括性的项目描述；

（5）项目的主要风险；

（6）总体里程碑进度计划；

（7）总体预算；

（8）项目审批要求；

（9）委派的项目经理及其职责和职权；

（10）发起人或者其他批准项目章程的人员的姓名和职权。

2. 项目章程的作用：

（1）确定项目经理，规定项目经理的权力；

（2）正式确定项目的存在，给项目一个合法的地位；

（3）规定项目的总体目标，包括范围、时间、成本和质量等；

（4）通过叙述启动项目的理由，把项目与执行组织的日常经营运作及战略计划等联系起来。

二、制定项目管理计划

制定项目管理计划的过程是确定、编制所有部分计划并将其综合和协调为项目管理计划所必需的过程。项目管理计划是有关项目如何计划、执行、监控和结束的基本信息来源。在制定项目管理计划时，应做到各干系人参与（全员参与）、逐步精确的原则。

项目管理计划一般包括项目范围计划、进度管理计划、成本管理计划、质量管理计划、过程改进计划、人员配备管理计划、沟通管理计划、风险管理计划、采购管理计划等分计划。具体包括：

（1）项目管理团队选择的各个项目管理过程；

（2）每一个选定过程的实施水平；

（3）在管理具体项目中使用的工具与技术所做的说明；

（4）在管理具体项目中使用选定过程的方式和方法，包括过程之间的依赖关系和相互作用，以及重要的依据和成果；

（5）为了实现项目目标所执行工作的方式、方法；

（6）监控变更的方式、方法；

（7）实施配置管理的方式、方法；

（8）使用实施效果测量基准并使之保持完整的方式、方法；

（9）项目干系人之间的沟通需要与技术；

（10）选定的项目生命周期和多阶段项目的项目阶段；

（11）高层管理人员为了加快解决未解决的问题和处理未做出的决策，对内容、范围和时间安排进行审查。

三、指导与管理项目执行

该过程要求项目经理和项目团队采取多种行动执行项目管理计划，完成项目范围说明书中明确的工作，同时还要求执行被批准的变更请求。

项目经理在整体协调过程中必须采取的行动主要有：随时审查和更新项目计划；坚持项目计划，保证控制；化解冲突；扫除障碍；确定优先次序；作出各界面之间的行政和技术决定；解决顾客和委托人的问题；保证项目阶段之间的衔接；保证各界面之间的沟通顺畅。

四、监控项目工作

监视和控制项目工作是贯穿项目始终的一个方面，包括跟踪、审查和报告项目进展，判断项目状态是否正常，必要时提出并采取相应的行动，保证项目工作正常，以实现项目管理计划中确定的绩效目标的过程。

具体来讲，监控项目工作过程的对象是：

（1）对照项目管理计划比较项目的实际表现。

（2）评价项目的绩效，判断是否出现了需要采取纠正或预防措施的迹象，并在必要时提出采取行动的建议。

（3）分析、跟踪并监视项目风险，确保及时识别风险，报告其状态，执行适当的风险应对计划。

（4）建立有关项目产品以及有关文件的准确和及时的信息库，并保持到项目完成。

（5）为状态报告、绩效测量和预测提供信息支持。

（6）为更新当前的成本和进度信息提供预测。

五、实施整体变更控制

这个过程是审查所有变更请求，批准变更，管理对可交付成果、组织过程资产、项目文件和项目管理计划的变更，并变更处理结果进行沟通的过程。

整体变更控制过程贯穿于项目的始终。由于项目在执行的过程中不可避免地会产生变更，因此，变更控制必不可少。整体变更控制过程包括一个负责批准或否决变更请求的变更控制委员会（CCB），变更请求由项目经理审查、评价，CCB 批准或否决。

整体变更控制过程包括下列变更管理活动：

（1）确定是否需要变更或者变更是否已经发生。

（2）对妨碍整体变更控制的因素施加影响，保证只实施经过批准的变更。

（3）审查和批准请求的变更。

（4）控制申请变更的流程，在发生变更时管理批准的变更。

（5）仅允许被批准的变更纳入项目产品或服务之中，维护基准的完整，并维护项目产品或服务有关的配置与规划文件。

（6）审查与批准所有的纠正与预防措施建议。

（7）根据批准的变更控制与更新范围、成本、预算、进度和质量要求，协调整个项目的变更。

（8）将请求的变更的全部影响记录在案。

（9）确认缺陷补救。

（10）根据质量报告并按照标准控制项目质量。

六、结束项目或阶段

这个过程是完成所有项目管理过程组的所有活动，以正式结束项目或阶段的过程。

在结束项目时，项目经理需要审查以前各阶段的收尾信息，确保所有项目工作都已完成，确保项目目标已经实现。如果项目在完工前就提前终止，结束项目或阶段过程还需要制订程序，来调查和记录提前终止的原因。

项目收尾主要包括管理收尾和合同收尾。

管理收尾覆盖整个项目，同时在每个阶段完成时规划和准备阶段性的收尾，对内部来说，做好文档归类，对外部则宣布项目已结束，可以转入维护期，同时项目组应该总结经验教训，宣布正式结束项目工作，为开展新工作而释放组织资源。

合同收尾则涉及结算和中止任何项目所建立的合同、协议。按照合同约定，项目组和客户进行核对，检查是否完成了合同的所有要求，是否可以结项。

项目收尾的具体内容主要是项目验收、项目总结和系统维护、项目评价。

项目的正式验收包括验收项目产品、文档及已经完成的交付成果。验收测试工作可以由客户和承建单位共同进行，也可以由第三方公司进行，但无论哪种方式都需要以项目前期所签署的合同以及相关的支持附件作为依据进行验收测试。项目最终验收合格后，应该由双方的项目组撰写验收报告并请双方工作主管认可。这标志着项目组开发工作的结束和项目后续活动的开始。

任务三　了解项目范围管理

任务描述

项目经理张工依据多年从事会议场所多媒体播控系统工作的经验，自己编写了项目范围说明书，并依此创建了 WBS 和 WBS 词典作为项目范围基准。在项目实施过程中，客户针对播放控制软件，要求增加断点续传的功能，开发人员认为工作量不大就自行增加了该功能。试问这个项目在范围管理方面出现了哪些问题？

核心知识

范围管理确定在项目内包括什么工作和不包括什么工作，由此界定的项目范围在项目的全生命周期内可能因种种原因而变化，项目范围管理也要管理项目范围的这种变化。项目范围在项目的早期被描述出来，并且随着项目的进展变得更加详细。

范围管理需要做的工作有：明确项目边界；对项目执行工作进行监控；防止项目范围发生蔓延。判断项目范围是否完成，要以范围基准来衡量。项目的范围基准是经过批准的项目范围说明书、WBS 和 WBS 词典。

对于范围的管理，是通过六个管理过程来实现的：

一、规划范围管理

规划范围管理是对如何定义、确认和控制项目范围的过程进行描述。

主要包括编制范围管理计划，书面描述将如何定义、确认和控制项目范围的过程，在整个项目中对如何管理范围提供指南和方向。范围管理计划的编制需要项目管理团队全员参与。

范围管理计划的内容包括：

（1）如何制订项目范围说明书。

（2）如何根据范围说明书创建 WBS。

（3）如何维护和批准 WBS。

（4）如何确认和正式验收已完成的项目、可交付成果。

（5）如何处理项目范围说明书的变更，该工作与实施整体变更控制过程直接相关联。

二、收集需求

该过程是为实现项目目标，明确并记录项目干系人的相关需求的过程。

项目的需求包括业务需求、干系人需求、解决方案需求、过渡需求、项目需求和质量需求等。

三、定义范围

该过程包括详细描述产品范围和项目范围，编制项目范围说明书，作为以后项目决策的基础。明确所收集的需求哪些将包含在项目范围内，哪些将排除在项目范围外，从而明确产品、服务或成果的边界。

在这个环节，应产生项目范围说明书。项目范围说明书的内容包括：产品范围描述、验收标准、可交付成果、项目的除外责任、制约因素、假设条件等。

四、创建工作分解结构（WBS）

该过程的主要任务是把整个项目工作分解为较小的、易于管理的组成部分，形成一个自上而下的分解结构。

工作分解结构（WBS）是面向可交付物的项目元素的层次分解，它组织并定义了整个项目范围。当一个项目的 WBS 分解完成后，项目相关人员对完成的 WBS 应该给予确认，并对此达成共识。WBS 的表示形式主要有分级的树型结构（组织结构图式）和表格形式（列表式）。树型结构图的 WBS 层次清晰、直观性和结构性强，但不容易修改，对大的、复杂的项目很难表示出项目的全貌，适用于小项目。表格形式的直观性比较差，但能够反映出项目所有的工作要素，适用于大项目。

1. 要把整个项目工作分解为工作包，通常需要开展以下活动：

（1）识别和分析可交付成果及相关工作。

（2）确定 WBS 的结构和编排方法。

（3）自上而下逐层细化分解。

（4）为 WBS 组件制定和分配辨识编码。

（5）核实可交付成果分解的程度是否恰当。

2. WBS 分解的方法：

（1）项目生命周期的各个阶段作为分解的第二层，产品和项目可交付成果放在第三层。

（2）主要可交付成果作为分解的第二层。

（3）整合可能由项目团队以外的组织来实施的各种组件（包括外包工作），然后作为外包工作的一部分，卖方需编制相应的合同 WBS。

工作包应非常具体，以便于承担者能明确自己的任务、努力的目标和承担的责任。作为一种经验法则，8/80 规则建议工作包应该至少需要 8 个小时来完成，而总完成时间也不应该大于 80 小时。WBS 是将项目可交付成果和项目工作分解成较小的、更易于管理的组件的过程。

五、确认范围

该过程的主要任务是正式验收已完成的可交付成果。确认范围包括与客户或发起人一起审查可交付成果,确保可交付成果已圆满完成,并获得客户或发起人的正式验收。

确认范围的一般步骤:

(1)确定需要进行范围确认的时间。

(2)识别范围确认需要哪些投入。

(3)确定范围正式被接受的标准和要素。

(4)组织范围确认会议。

六、范围控制

范围控制是监督项目和产品的范围状态、管理范围基准变更的过程。其主要作用是在整个项目期间保持对项目基准的维护。对项目范围进行控制,就必须确保所有请求的变更、推荐的纠正措施或预防措施都经过整体变更控制过程的处理。在变更实际发生时,也要采用范围控制过程来管理这些变更。

1. 造成项目范围变更的主要原因是项目外部环境发生了变化,例如:

(1)政府政策的问题。

(2)项目范围的计划编制不周密详细,有一定的错误或遗漏。

(3)市场上出现了或是设计人员提出了新技术、新手段或新方案。

(4)项目执行组织本身发生变化。

(5)客户对项目、项目产品或服务的要求发生变化。

2. 范围变更控制的工作流程:变更申请——>变更评估——>变更决策——>变更实施——>变更验证——>沟通存档。

3. 范围变更控制的工作:

(1)影响导致范围变更的因素,并尽量使这些因素向有利的方面发展。

(2)判断范围变更是否已经发生。

(3)范围变更发生时管理实际的变更。确保所有被请求的变更按照项目整体变更控制过程处理。

任务四　了解项目进度管理

任务描述

项目经理张工负责的项目工期严重滞后,他决定向公司申请尽量多增派开发人员,并要所有的开发人员加班加点工作以便向前赶进度。同时为了节省时间，张工还决定项目组取消每日例会，改为每周例会，同时张工还允许需求调研和方案设计部分重叠进行，允许需求未确认即可进行方案设计。这个过程中，张工有哪些地方做得不妥？还有哪些方法可以赶进度？

核心知识

进度管理是软件项目管理中极其重要的一部分，是为了确保项目按期完成所需要的管理过程。它的主要目标是：用最短的时间、最少的成本、以最小的风险完成项目。

一、项目进度管理过程

进度是对执行的活动和里程碑所制定的工作计划日期表。进度管理包括进度计划的制定和控制两部分。进度控制是指在执行进度计划的过程中监控计划的执行，及时发现实际进度与计划进度之间的偏差，找出原因并采取补救措施以保障软件项目按时完成的一种管理手段。

1. 项目进度管理包括七个过程：

（1）规划进度管理：为规划、编制、管理、执行和控制项目进度而制定政策、程序和文档的过程。该过程是为实施项目进度管理制定政策、程序，并形成文档化的项目进度管理计划的过程，为如何在整个项目过程中管理、执行和控制项目进度提供指南和方向。

（2）定义活动：识别和记录为完成项目可交付成果而需采取的具体行动的过程。

（3）排列活动顺序：识别和记录项目活动之间的关系的过程。定义工作之间的逻辑顺序，以便在既定的所有项目制约因素下获得最好的效率。

（4）估算活动资源：估算执行各项活动所需材料、人员、设备或用品的种类和数量的过程。明确完成活动所需的资源种类、数量和特性，以便做出更准确的成本和持续时间估算。

（5）估算活动持续时间：根据资源估算的结果，估算完成单项活动所需工期的过程。确定完成每个活动所需的时间量，为制定进度计划过程提供基础。

（6）制定进度计划：分析活动顺序、持续时间、资源需求和进度制约因素，创建项目进度模型的过程。经批准的最终进度计划将作为基准用于控制进度的过程。

（7）控制进度：监督项目活动状态、更新项目进展、管理项目基准变更，以实现计划的过程，作用是提供发现计划偏离的方法，从而可以及时采取纠正和预防措施，以降低风险。

2. 进度控制的主要内容为：

（1）判断项目进度的当前状态。

（2）对引起进度变更的因素施加影响，以保证这种变化朝着有利的方向发展。

（3）判断项目进度是否已经发生变更。

（4）当变更实际发生时严格按照变更控制流程对其进行管理。

3. 缩短活动工期的方法：

（1）赶工，投入更多的资源或增加工作时间，以缩短关键活动的工期。

（2）快速跟进，并行施工，以缩短关键路径的长度。

（3）使用高素质的资源或经验更丰富的人员。

（4）减少活动范围或降低活动要求。

（5）改进方法或技术，以提高生产效率。

（6）加强质量管理，及时发现问题，减少返工，从而缩短工期。

二、项目进度管理的技术和工具

软件开发进度计划安排是一项困难的任务，进度安排的好坏往往会影响整个软件项目能否按期完成，因此在安排软件开发进度时，既要考虑各个子任务之间的相互联系，尽可能地并行安排任务，又要预见潜在的问题，提供意外事件的处理意见。

对于较大软件项目的进度计划，为了表示各项任务之间的进度和相互之间的依赖关系，常用的工具和技术有：一般的表格工具、甘特图、关键路径法和关键链法。

（一）一般的表格工具

一般采用表格描述进度表，简单明了，如图8.1所示直观地给出了一个需要1年时间开发的软件项目各项子任务的进度安排。

月份 任务	1	2	3	4	5	6	7	8	9	10	11	12
需求分析	▲	▲	▲									
总体设计	▲	▲	▲									
详细设计	▲	▲										
编码	▲	▲	▲									
软件测试		▲	▲	▲								

图8.1 进度表

（二）甘特图

甘特图是一种按照时间进度标出工作活动，常用于项目管理的图表。甘特图以图示的方式通过活动列表和时间刻度形象地反映出任何特定项目的活动顺序与持续时间。它基本是一条线条图，横轴表示时间，纵轴表示活动（项目），线条表示在整个期间计划和实际活动完成情况。下面通过一个简单的例子介绍这种工具。

[例 8.1] 假设完成某项工程进度安排如下：

表 8.1　项目工程进度安排表

序号	项目进度名称	开始时间	所需时长（天）	结束时间
项目工程进度安排表				
1	前期准备	1 月 1 日	5	1 月 5 日
2	市场调研	1 月 6 日	5	1 月 10 日
3	需求分析	1 月 11 日	10	1 月 20 日
4	设计阶段	1 月 21 日	10	1 月 30 日
5	实施阶段—第 1 阶段	1 月 26 日	6	1 月 31 日
6	实施阶段—第 2 阶段	2 月 1 日	5	2 月 5 日
7	实施阶段—第 3 阶段	2 月 6 日	5	2 月 10 日
8	实施阶段—第 4 阶段	2 月 11 日	5	2 月 15 日
9	项目验收	2 月 16 日	3	2 月 18 日
10	项目总结	2 月 19 日	3	2 月 22 日

根据上述分析，画出该工程的甘特图，如图 8.2 所示。

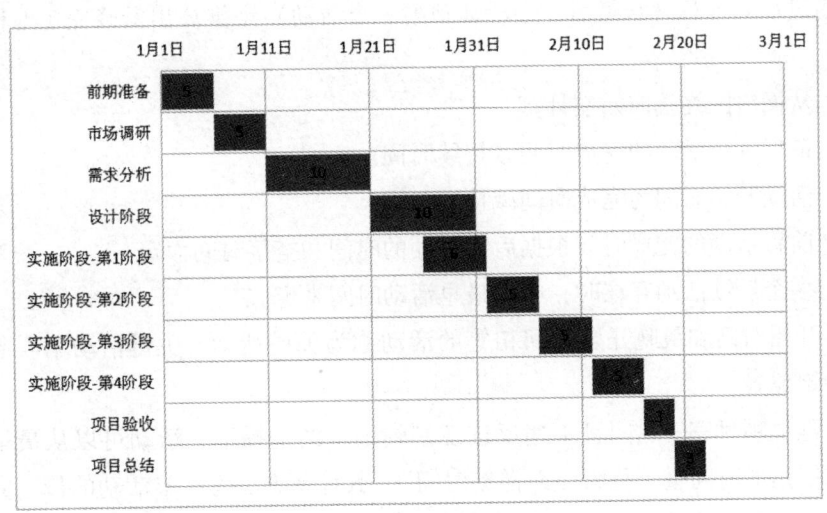

图 8.2　工程项目的甘特图

从图 8.2 所示的甘特图中，可以估算出完成工程的总工期为 52 天。

（三）关键路径法（CPM）

关键路径法（CPM）是借助网络图和各活动所需时间（估计值），计算每一项活动的最早或最迟开始和结束时间。CPM 法的关键是计算总时差，这样可以决定哪一活动有最小时间弹性。CPM 算法也在其他类型的数学分析中得到应用。

CPM 算法的核心思想是将工作分解结构（WBS）分解的活动按逻辑关系加以整合，统筹计算出整个项目的工期和关键路径。

CPM 方法有两个规则。

规则 1：某个活动的最早开始时间必须相同或晚于直接指向这项活动的最早结束时间中的最晚时间。

规则 2：某项活动的最迟结束时间必须相同或早于该活动直接指向的所有活动最迟开始时间的最早时间。

根据以上规则，可以计算出工作的最早完工时间。

1. 通过正向计算（从第一个活动到最后一个活动）推算出最早完工时间，步骤如下。

（1）从网络图始端向终端计算。

（2）第一活动的开始为项目开始。

（3）活动完成时间为开始时间加持续时间。

（4）后续活动的开始时间根据前置活动的时间和搭接时间而定。

（5）多个前置活动存在时，根据最迟活动时间来定。

2. 通过反向计算（从最后一个活动到第一个活动）来推算出最晚完工时间，步骤如下。

（1）从网络图终端向始端计算。

（2）最后一个活动的完成时间减持续时间。

（3）活动开始时间为完成时间减持续时间。

（4）前置活动的完成时间根据后续活动的时间和搭接时间而定。

（5）多个后续活动存在时，根据最早活动时间来定。

最早开始时间和最晚开始时间相等的活动称为关键活动，关键活动串联起来的路径称为关键路径。

在不延误项目完工时间且不违反进度制约因素的前提下，活动可以从最早开始时间推迟或拖延的时间量，称为"总浮动时间"。其计算方法为：本活动的最迟完成时间减去本活动的最早完成时间，或本活动的最迟开始时间减去本活动的最早开始时间。正常情况下，关键活动的总浮动时间为零。

"自由浮动时间"是指在不延迟任何紧后活动的最早开始时间且不违反进度制约因

素的前提下，活动可以从最早开始时间推迟或拖延的时间量。其计算方法为：紧后活动最早开始时间的最小值减去本活动的最早完成时间。如图8.3中，活动D的总浮动时间为155天，自由浮动时间为0天。

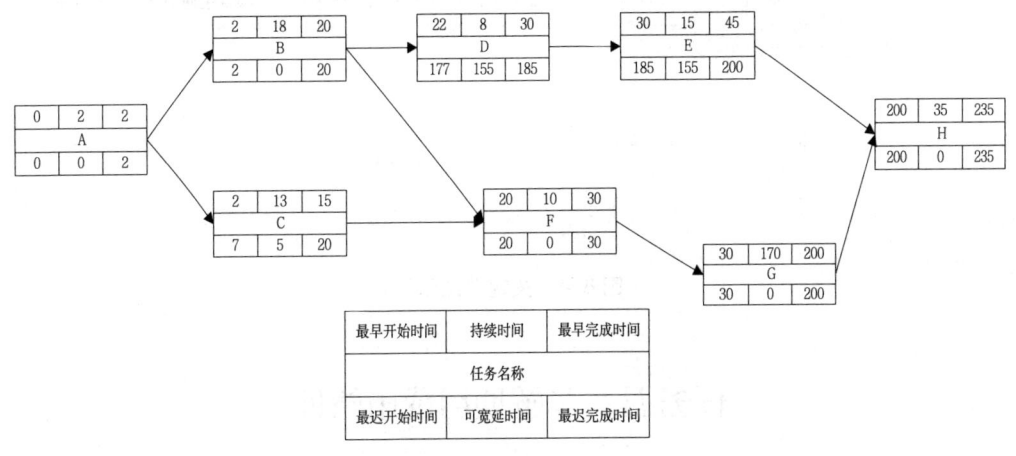

图 8.3　关键路径法示例

关键路径是项目中时间最长的活动顺序，决定着可能的项目最短工期。图8.3的关键路径是 A-B-F-G-H。

（四）关键链法（CCM）

关键链法（CCM）是一种进度规划方法，允许项目团队在任何项目进度路径上设置缓冲，以应对资源限制和项目的不确定性。这种方法建立在关键路径法之上，考虑了资源分配、资源优化、资源平衡和活动历时不确定性对关键路径的影响。关键链法引入了缓冲和缓冲管理的概念。关键链法中用统计方法确定缓冲时段，作为各活动的集中安全冗余，放置在项目进度路径的特定节点，用来应对资源限制和项目不确定性。

如图8.4所示，在关键链末端的缓冲称为项目缓冲，用来保证项目不因关键链的延误而延误。其他缓冲，即接驳缓冲，则放置在非关键链与关键链的结合点，用来保护关键链不受非关键链延误的影响。

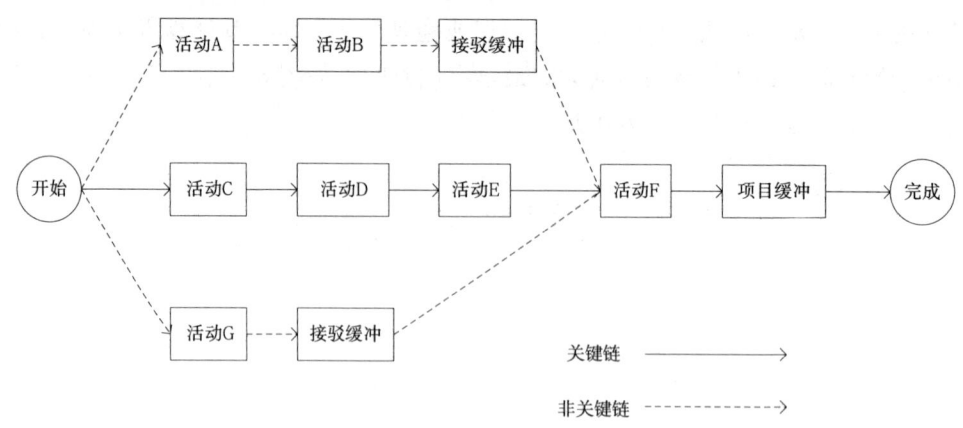

图 8.4 关键链法示例

任务五 了解项目成市管理

任务描述

成本管理包括哪些过程?

核心知识

一、项目成本管理过程

项目成本是指为完成项目目标而付出的费用和耗费的资源。项目成本包括产品的全生命周期成本,就是在产品或系统的整个使用生命期内,在获得阶段(设计、生产、安装和测试等活动,即项目存续期间)、运营与维护及生命周期结束时对产品的处置所发生的全部成本。

发生成本失控的原因有:对工程项目认识不足;组织制度不健全;方法问题;技术的制约;需求管理不当。

项目成本管理是指承建方为使项目成本控制在计划目标之内所作的预测、计划、控制、调整、核算、分析和考核等管理工作。它贯穿在整个项目的实施过程中,为确保项目在已批准的成本预算内尽可能好地完成而对所需的各个过程进行管理。

项目成本管理主要依靠制定成本管理计划、成本估算、成本预算、成本控制四个过程来完成。

(1)规划成本是为规划、管理、花费和控制项目成本而制定政策、程序和文档的过程。

(2)估算成本是对完成项目活动所需资金进行近似估算的过程。

（3）制定预算是汇总所有单个活动或工作包的估算成本，建立一个经批准的成本基准的过程。

（4）控制成本是监督项目状态，以更新项目成本，管理成本基准变更的过程。

二、成本估算的步骤与方法

1. 项目成本估算需要进行三个主要步骤：

（1）识别并分析成本的构成科目 。该部分的主要工作就是确定完成项目活动需要的物质资源（人，设备，材料）的种类，说明工作分解结构中各组成部分需要资源的类型和所需的数量。

（2）根据已识别的项目成本构成科目，估算每一科目的成本大小 。根据前一步形成的资源需求，考虑项目需要的所有资源的成本。估算可以用货币单位表示，也可用工时、人月、人天、人年等其他单位表示。有时候，同样技能的资源来源不同，其对项目成本的影响也不同。

（3）分析成本估算结果，找出各种可以相互替代的成本，协调各种成本之间的比例关系。在通过对每一成本科目进行估算而形成的总成本的基础上，应对各种成本进行比例协调，找出可行的低成本的替代方案，尽可能地降低项目估算的总成本。但是，无论如何降低项目成本估算值，项目的应急储备和管理储备都不应被裁减。

2. 成本估算的方法有类比估算法、自上而下估算法、自下而上估算法、参数模型估算法等。

（1）类比估算法。有两种情况可以使用这种方法，一种情况是以前完成的项目与当前项目非常相似，另一种情况是项目成本估算专家或小组具有必需的专业技能。类比估算法将被估算项目的各个成本科目与已完成同类项目的各个成本科目进行比较，从而估算出新项目的各项成本。

（2）自上而下估算法。自上而下估算法是基于中上层管理人员的经验和判断以及可以获得的以往类似项目的历史数据来进行项目成本估算的方法。在此基础上，低层人员对组成项目和子项目的任务的成本进行估算，然后继续向下一层传递他们的估算结果，直到最底层。这种方法的优点在于项目总体成本估算相对比较容易；缺点是上层管理人员根据他们的经验做出的成本估算分解到下层时，下层人员可能认为不足以完成相应的任务，而下层人员并不一定会表达出这种想法，并与上层管理者讨论得出更为合理的成本分配方案。

（3）自下而上估算法。自下而上估算法是估算单个工作项成本，然后从下往上汇总成整体项目成本的方法。自下而上估算法的优点在于，项目涉及活动所需要的成本是由直接参与项目建设的人员估算出来的，他们比高层管理人员更清楚项目活动所需要的资源，因而能更精确地估算出项目所涉及活动的成本。缺点是估算要保证涉及的所有任务都要被考虑到，这一点比自上而下估算更为困难。因此，它通常花费的时间长，应用代价高。

（4）参数模型估算法。参数模型估算法是在数学模型中应用项目特征参数来估算项目成本的方法。参数模型估算法的重点集中在成本影响因子（即影响成本最重要的因素）的确定上，这种方法并不考虑众多的项目成本细节，因为项目的成本影响因子决定了项目的成本变量，并且对项目成本有举足轻重的影响。其优点是快速并容易使用，它只需要小部分信息，即可据此得出整个项目的成本费用。缺点在于参数模型如果不经过标准的验证，则估算可能不准确，估算出来的项目成本精度不高。

三、成本预算

成本预算是把估算的总成本分配到各个工作细目，以建立预算、标准和监测系统的过程。通过这个过程可对系统项目的投资成本进行衡量和管理，从而在事先弄清问题，及时采取纠正措施。成本预算的步骤为：

（1）将项目总成本分摊到项目工作分解结构 WBS 的各个工作包。分解按照自顶向下，根据占用资源数据量多少而设置不同的分解权重。

（2）成本进行相加时，结果不能超过项目的总预算成本。

（3）将各个工作包成本再分配到该工作包含的各项活动上。

（4）确定各项成本预算支出的时间计划及项目成本预算计划。

编制项目成本预算应遵循的原则：以项目需求为基础；与项目目标相联系，必须同时考虑到项目质量目标和进度目标；要切实可行；预算应当留有一定的弹性。

四、项目成本控制

项目成本控制主要关心的是影响成本改变的各种因素，确定成本是否改变以及管理和调整实际的改变。项目成本控制必须和项目进度结合起来才能进行有效的控制。费用控制必须监督费用实施情况，发现实际费用和成本计划的偏差，并找出偏差的原因，阻止不正确、不合理和未经批准的费用变更。

1. 项目成本控制主要包括以下内容：

（1）对造成成本基准变更的因素施加影响。

（2）确保所有变更请求都能得到及时处理。

（3）当变更实际发生时，管理这些变更。

（4）确保成本支出不超过批准的资金限额，既不超出按时段、按 WBS 组件、按活动分配的限额，也不超出项目总限额。

（5）监督成本绩效，找出并分析与成本基准间的偏差。

（6）对照资金支出，监督工作绩效。

（7）防止在成本或资源使用报告中出现未经批准的变更。

（8）向有关干系人报告所有经批准的变更及其相关成本。

（9）设法把预期的成本超支控制在可接受的范围内。

2. 当项目的成本发生偏差时，可以通过下列方法对项目进行成本控制。

（1）盈亏平衡分析。它是根据项目正常生产年份的产品产量（销售量）、固定成本、可变成本、税金等。研究项目产量，成本，利润之间变化与平衡关系的方法。当项目的收益与成本相等时，即为盈亏平衡点（BEP）。

（2）敏感性分析。它是研究项目的产品售价、产量、经营成本、投资，建设期等发生变化时，项目财务评价指标（如财务内部收益率）的预期值发生变化的程度。通过敏感分析，可以找出项目的最敏感因素，使决策者能了解项目建设中可能遇到的风险，提高决策的准确性和可靠性。一般以某因素的曲线斜率的绝对值大小来比较。

（3）概率分析。它是通过概率预测不确定性因素和风险因素对项目经济评价指标的定量影响。一般是计算项目评价指标，如项目财务净现值的期望值大于或等于零时的累计概率。累计概率值越大，项目承担的风险越小。

（4）挣值法。挣值法实际上是一种分析目标实施与目标期望之间差异的方法，故而它又常被成为偏差分析法。挣值法通过测量和计算已完成工作的预算费用与已完成工作的实际费用得到有关计划实施的进度和费用偏差，而达到判断项目预算和进度计划执行情况的目的。它的独特之处在于以预算和费用来衡量项目的进度。

任务六　了解项目质量管理

任务描述

张工认为项目质量管理的关键在于系统地进行软件测试。这种观点对吗？

核心知识

一、质量相关术语

质量是项目管理的核心，质量管理是指为了实现质量目标而进行的所有质量性质的活动。在质量方面指挥和控制的活动，包括质量方针和质量目标以及质量规划、质量保证、质量控制和质量改进。

质量方针是由组织最高管理者正式发布的该组织总的质量宗旨和方向。质量目标是指在质量方面追求的目的，是落实质量方针的具体要求，从属于质量方针。

质量策略是指企业为了提高产品在市场竞争中的地位，通过提高产品的性能或服务的质量来获取竞争优势的一种策略，其实质是商品或服务的使用价值的提高。

质量标准是产品生产、检验和评定质量的技术依据，通常用定量的方式来表示。它不但包括各种技术标准，而且还包括管理标准以确保各项活动的协调进行。

二、质量管理的原则与过程

1. ISO 9000 质量管理八项基本原则：

（1）以顾客为中心：组织依存于他们的顾客，因而组织应理解顾客当前和未来的需求，满足顾客需求并争取超过顾客的期望。

（2）领导作用：领导者建立组织相互统一的宗旨、方向和内部环境。所创造的环境能使员工充分参与实现组织目标的活动。

（3）全员参与：各级人员都是组织的根本，只有他们的充分参与才能使他们的才干为组织带来收益。

（4）过程方法：将相关的资源和活动作为过程来进行管理，可以更高效地达到预期的目的。

（5）系统管理：针对制定的目标，识别、理解并管理一个由相互联系的过程所组成的体系，有助于提高组织的有效性和效率。

（6）持续改进：持续改进是一个组织永恒的目标。

（7）以事实为决策依据：有效的决策是建立在对数据和信息进行合乎逻辑和直观的分析的基础上。

（8）互利的供方关系：组织和供方之间保持互利关系，可增进两个组织创造价值的能力。

2. 质量管理的流程有四个环节：

（1）确立质量标准体系：是进行质量管理的前提性、关键性工作。

（2）对项目实施进行质量监控：收集项目实施过程中的相关信息，观察、分析实际情况以便监控。

（3）将实际与标准对照：了解进展如何，如果发生了偏差，是什么原因造成的，从而为客观评价项目质量状况提供依据。

（4）纠偏纠错：根据具体情况采取合理的纠正措施，让项目实施回到正轨。

三、项目质量管理过程

质量管理过程的内容主要包括编制质量计划、实施质量保证和质量控制。

1. 编制质量计划：识别与项目相关的质量标准以及确定如何满足这些标准，确定需要对哪些过程和工作产品进行质量管理。

2. 质量保证：是一项为使人们确信某一产品或服务的质量能满足规定的质量要求和相关的质量标准而建立的全部活动，主要是确保过程质量。实施质量保证是审计质量要求和质量控制测量结果，确保采用合理的质量标准和操作性定义的过程。质量保证一般由项目经理负责组织实施，并由质量保证部门和类似部门对质量保证活动进行监督；实施质量保证过程也为持续过程改进创造条件。持续过程改进是指不断地改进所有过程的质量。通过持续过程改进，可以减少浪费，消除非增值活动，使各过程在更高的效率与效果水平上运行。

3. 质量控制：是对项目质量实施情况的监督和管理，采取措施、监督项目的具体实施结果是否符合有关的项目质量标准，并确定消除导致产品不良的结果的原因。其作用包括：识别过程低效或产品质量低劣的原因，建议并采取相应措施消除这些问题。确认项目的可交付成果及工作满足主要干系人的既定需求，足以进行最终验收。

表 8.2　质量保证和质量控制的区别

质量保证	按项目计划开展具体的质量活动，把项目过程及产品做得符合质量要求，即按照计划做质量。 设法提高项目干系人对项目将要满足质量要求的信心，以便减少来自干系人的干扰，扩大它们的支持。 按照过程改进计划，进行过程改进，使项目过程更加稳定，并减少非增值环节。 根据过去的质量控制测量结果（质量偏差），对质量标准（要求）进行重新评价，确保所采用的质量标准是合理的、可操作的。
质量控制	按照质量标准检查质量，发现质量偏差和质量缺陷，并对不可接受的质量偏差提出纠偏，对质量缺陷提出缺陷补救建议。这两种建议都属于变更请求。 对已经完成的可交付成果进行质量合格性检查。如果合格，就得到"确认的可交付成果"；如果不合格，就提出变更请求。 对已批准的缺陷补救措施的实施情况进行检查。如果已实施到位，就得到"确认的变更"；否则，就要求执行过程绩效实施缺陷补救。

实施质量保证是针对过程改进和审计的，强调的是过程改进和信息保证。

实施质量控制是按照质量要求，检查具体可交付成果的质量，强调的是具体的可交付成果。

任务七　了解项目沟通管理和干系人管理

🗒 任务描述

项目经理张工准备召开一个项目协调会，请问应该做好哪些工作才能开好一个高效的会议？

📖 核心知识

一、项目沟通管理

沟通渗透在项目生命周期的全过程中，改善沟通在 IT 项目管理中具有非常重要的意义。要开发满足用户需要的软件或产品，首先要清楚用户的需求，同时也必须让用户明白你将如何在软件上实现这些需求，这些都离不开沟通。

沟通是为了特定的目标，在人与人之间、组织或团队之间进行的信息、思想和情感的传递或交互的过程。

项目沟通管理建立在管理沟通的基础上，服务于项目管理及项目干系人的共同利益。它在人员与信息、思想、情感等项目因素之间建立的关键联系，成为项目成功所必需的过程。项目沟通管理的目标是及时而适当地创建、收集、发送、储存和处理项目的信息。

1. 项目沟通管理的过程包括：

（1）规划沟通管理。根据干系人的信息需要和要求及组织的可用资产情况，制订合适的项目沟通计划的过程。

（2）管理沟通。根据沟通管理计划，生成、收集、分发、存储、检索及最终处理项目信息的过程。

（3）控制沟通。在整个项目生命周期中对沟通进行监督和控制的过程，以确保满足项目干系人对信息的需求。

2. 常用的沟通方法：

（1）交互式沟通。在两方或多方之间进行多向信息交换。这是确保全体参与者对特定话题达成共识的最有效的方法，包括会议、电话、即时通信、视频会议等方式。

（2）推式沟通。把信息发送给需要接收这些信息的特定接收方。这种方法可以确保信息的发送，但不能确保信息送达受众或被目标受众理解。包括信件、备忘录、报告、电子邮件、传真、语音邮件、日志、新闻稿等。

（3）拉式沟通。用于信息量很大或受众很多的情况，要求接收者自行自主地访问信息内容。包括企业内网、电子在线课堂、经验教训数据库、知识库等。

3. 会议在项目管理过程中是使用较为频繁的沟通方式。大多数项目会议都把干系人召集在一起解决问题或制定决策。虽然有时会议是比较随意的讨论，但大部分项目会议都是正式的，需事先安排时间、地点、参会人员和议程等。

如何召开高效的会议，需要注意的细节有：

（1）事先制订例会制度。

（2）放弃可开可不开的会议。

（3）明确会议的时间、地点和期望结果。

（4）发布会议通知。

（5）在会议之前将会议资料转发给参会人员。

（6）可以借助视频设备。

（7）明确会议规则：主持人、职责、有效控制、活跃的会议气氛。

（8）会后要有总结落实。

（9）会议要有纪要。

（10）做好会议的后勤保障。

4. 在项目管理中，项目经理为了能够提高沟通的效率和效果，在沟通过程要遵循如下基本原则：

（1）沟通内外有别。对内（项目团队内）沟通讲究的是效率和准确度，可以采用非正式（如备忘录、即兴谈话等）的方式进行。而对外（对顾客、媒体和公众等）的沟通强调的是信息的充分和准确，可以采用正式（如报告、情况介绍会等）的方式进行。

（2）尽早沟通。尽早沟通要求项目经理要有前瞻性，定期与项目成员及项目干系人建立沟通，这样做不仅容易发现当前存在的问题，而且很多潜在问题也能暴露出来。在项目中出现问题并不可怕，可怕的是问题没被发现。沟通得越晚，暴露得越迟，带来的损失越大。

（3）主动沟通。主动沟通说到底是对沟通的一种态度。在项目中，应该极力提倡主动沟通，尤其是已经明确了必须要去沟通的时候。当沟通是项目经理面对项目干系人或上级、团队成员面对项目经理时，主动沟通不仅能建立紧密的联系，更能表明其对项目的重视和参与，会使沟通的另一方满意度大大提高，对整个项目非常有利。

（4）采用对方能够接受的沟通风格。注意肢体语言、语态给对方的感觉。无论在语言还是肢体表达上，都需要传递一种合作和双赢的态度，使双方无论在问题的解决上还是在气氛上都达到"双赢"。

（5）沟通的升级原则。横向沟通有平等的感觉，但合理使用纵向沟通，有助于问题的快速解决。沟通的升级可以通过四个步骤来完成：第一步，与对方沟通；第二步，与对方的上级沟通；第三步，与自己的上级沟通；第四步，自己的上级和对方的上级沟通。

二、干系人管理

项目干系人管理是指对项目干系人需求、希望和期望的识别，并通过沟通上的管理来满足其需要、解决其问题的过程。项目干系人管理的主要目的是避免项目干系人在项目管理中产生严重分歧。项目干系人管理由项目经理负责，为了确保项目成功，项目经理要与各项目干系人发展良好的关系，对项目干系人进行积极管理，确保对其需要和期望有较好的了解，以积极促进项目并降低对项目的不利影响。

1. 项目干系人管理的技术和工具主要有沟通方法和问题记录单。

（1）沟通方法。在项目干系人管理中，应使用沟通管理计划中为每个项目干系人确定的沟通方法。面对面会议是项目干系人讨论、解决问题的最有效方法。如果不需要进行面对面会议或面对面会议不可行时，则可通过电话、电子邮件或其他电子工具进行信息交流和沟通。

（2）问题记录单。问题记录单或行动方案记录单可用来记录并监控问题的解决情况。这些问题一般不会升级到需要实施项目或采取单独行动对之进行处理的程度，但是通常需要加以处理以保持项目干系人之间的良好工作关系。

以一定的方式对问题进行澄清和陈述，以便问题得以解决，需要针对每项问题分派负责人，并规定解决问题的目标日期，如果问题未得到解决，则可能导致冲突和项目延迟。

2. 为了方便对干系人进行管理，常按照以下模型对干系人进行分类管理。

（1）权力/利益方格。

权力 利益	高	低
低	A 　令其满意	D 　监督（花最少的精力）
高	B 　重点管理	C 　随时告知

权力/利益矩阵是根据干系人权力的高低以及利益对其进行分类。这个矩阵指明了项目需要建立的与各干系人之间的关系的种类。

首先关注处于 B 区的干系人，他们对项目有很高的权力，也很关注项目的结果，是双高干系人，项目经理需要"重点管理，及时报告"，应采取有力的行动让 B 区干系人满意。项目的客户和项目经理的主管领导就是这样的项目干系人。

尽管 C 区干系人权力低，但关注项目的结果，因此项目经理要"随时告知"项目状况，以维持 C 区的干系人的满意程度。如果低估了 C 区干系人的利益，可能产生危险的后果，引起 C 区干系人的反对。大多数情况下，要全面考虑 C 区干系人对项目可能的、长期的以及特定事件的反应。处于 C 区的干系人，项目经理应该"随时告知他们项目的状态，保持及时的沟通"。

方格区域 A 的关键干系人具有"权力高、对项目结果关注度低"的特点，因此争取 A 区干系人的支持，对项目的成功至关重要，项目经理对 A 区干系人的管理策略应该是"令其满意"。

最后，还需要正确地对待 D 区中干系人的需要，D 区干系人的特点是"权力低、对项目结果的关注度低"，因此项目经理"花最少的精力来监督他们"即可。但有些 D

区的干系人可以影响更有权力的干系人，他们对项目发挥的是间接作用，因此对他们的态度也应该"要好一些"，以争取他们的支持、降低他们的敌意。

（2）权力/影响方格。按干系人的权力高低以及主动参与（影响）项目的程度进行分类。

权力 影响	高	低
低	让其满意；至少不得罪；争取支持；化解敌意。	在不影响项目的前提下花最少的精力去监控；不让他们干扰项目。
高	（客户、主管领导是这类干系人）重点管理；争取支持。	对支持项目的干系人要随时告知，及时通报项目的进展以获取支持； 对项目持反对意见的干系人，尽量保密，以降低干扰。

任务八　了解项目采购与合同管理

任务描述

甲公司承接了某机房改造工程项目，该项目外包给当地的乙公司，并在合同中要求乙公司必须在 2015 年底之前完工。项目进展到 6 月份时，当地赶上了梅雨季节，由于机房地处某大厦一楼，太潮湿，机房改造工程被迫暂停，待梅雨季节过后继续施工。项目执行到 2015 年底，机房改造项目已确定无法在 2016 年 2 月份完工，而且总费用也远远超支了。那么甲公司能够向乙公司提出索赔吗？

核心知识

一、项目采购管理

项目采购管理是为完成项目工作，从项目团队外部购买或获取所需产品、服务或成果的过程。

采购管理包括编制采购计划、实施采购、控制采购、结束采购四个过程。

（1）编制采购计划。该过程的主要工作任务是决定采购什么，何时采购，如何采购，还要记录项目对产品、服务和成果的需求，并且寻找潜在的供应商。

（2）实施采购。从潜在的供应商那里获取适当的信息、报价、投标书和建议书。选择供方，审核所有资料，通过招投标的方式，主要从供应商的资质、质量保证能力和产品的价格、质量及售后服务能力等方面评价，从中选择供应商。

（3）控制采购。管理合同以及买卖双方之间的关系，监控合同的执行情况。对采购过程的结构化审查、审计采购过程是否合规；对承包商（供应商）正在执行的工作进行检查，以确定可交付成果满足买方的要求。若出现偏差和异常时，实施必要的变更和纠偏措施，并作为将来选择供应商的参考。还需要管理与合同相关的变更活动。

（4）结束采购。完成并结算合同，包括解决任何未解决的问题，并就与项目或项目阶段相关的每项合同进行收尾工作。

二、项目合同管理

合同是当事人双方或数方确定各自权利和义务关系的协议，虽不等于法律，但依法成立的合同具有法律约束力，工程合同属于经济合同的范畴，受经济法和刑法规则的约束。

合同管理全过程就是由洽谈、草拟、签订、生效开始，直至合同失效为止。不仅要重视签订前的管理，更要重视签订后的管理。

1. 为了使签约各方对合同有一致的理解，建议如下：

（1）使用国家或行业标准的合同格式。

（2）为避免因条款的不完备或歧义而引起合同纠纷，在达成交易和签订合同前，有必要使双方进一步对他们所同意的条款有一致的认识。对合同的描述务必要达到准确、精炼、清晰的标准，切忌含糊不清。

（3）合同中的质量条款应写清具体规格、型号、适用的标准等，避免后期因标准问题产生纠纷。

（4）对于合同中需要变更、转让、接触等的内容也应详细说明。

（5）如果合同有附件，对于附件的内容也要一并附上，并注意保持与主合同一致，更不能相互矛盾。

（6）为避免合同纠纷，保证合同订立的合法性、有效性，当事人可以拿签订的合同去公证处办理公证。

2. 合同管理包括：合同签订管理、合同履行管理、合同变更管理、合同档案管理、合同违约索赔管理。

一般具备以下条件才可以变更合同：

（1）双方当事人协商，并且不因此而损害国家和社会利益。

（2）不可抗力导致合同义务不能执行。

（3）由于另一方在合同约定的期限内没有履行合同，并且在被允许的推迟履行期限内仍未履行。

项目合同的变更给另一方造成损失的，除依法可以免责的外，应由责任方负责赔偿。当事人一方要求修改合同时，应当首先以书面的形式向另一方提出。另一方当事人在接到有关变更项目合同的申请后，应及时作出书面答复。如果同意变更，即表明合同的变更发生法律效力。

合同档案管理是整个合同管理的基础。通过对合同的档案管理，可以保存与合同有关的相关证据材料，一旦发生纠纷，可以及时运用档案记载的内容，依法维护单位的权益。

合同索赔的重要前提条件是合同一方或双方存在违约行为或事实，并且由此造成了损失，责任应由该方承担。项目发生索赔事件后，一般先由监理工程师调解，若调解不成，由政府建设主管机构进行调解，若仍调解不成，由经济合同仲裁委员会进行调解或仲裁。

索赔的流程是：提出索赔要求——报送索赔资料——监理工程师答复——监理工程师逾期答复后果——持续索赔——仲裁与诉讼。具体流程如图8.5所示。

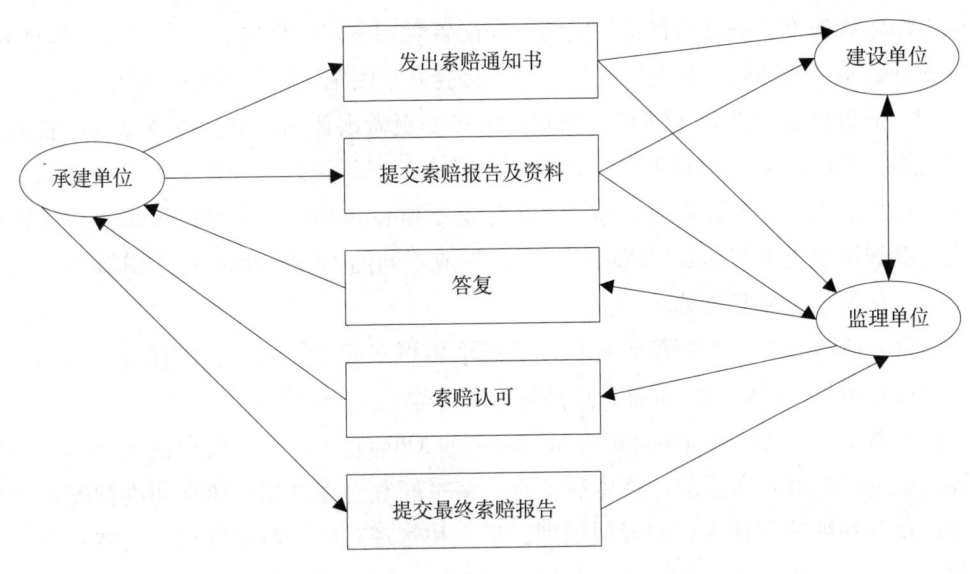

图 8.5　索赔流程

任务九　了解项目配置管理

📖 **任务描述**

某公司的质量管理体系中的配置管理程序文件中有如下规定：

（1）由变更控制委员会（CCB）制定项目的配置管理计划；

（2）由配置管理人员（CMO）创建配置管理环境；

（3）由CCB审核变更计划；

（4）项目中配置基线的变更经过变更申请、变更评估、变更实施后便可发布；

（5）CCB组成人员不少于一人，主席由项目经理担任。

该公司对配置管理的规定是否恰当？

核心知识

配置管理就是一套方法，用这套方法来对软件开发期间产生的资产（代码/文档/数据等）进行管理，包括管理它的存储、变更，将所有的变更记录下来，通过适当的机制来控制它的变更，使得这些更改合理、有序、完整、一致，并可以追溯历史。

一、配置管理中的参与人员角色和分工

（1）项目经理（Project Manager，PM），是整个信息系统开发和维护活动的负责人，可根据配置控制委员会的建议，批准配置管理的各项活动并控制它们的进程。其具体工作职责如下：制订项目的组织结构和配置管理策略；批准、发布配置管理计划；决定项目起始基线和软件开发工作里程碑；接受并审阅配置控制委员会的报告。

（2）配置控制委员会（CCB），负责对配置变更做出评估、审批以及监督已批准变更的实施，其成员可以包括项目经理、用户代表、产品经理、开发工程师、测试工程师、质量控制人员、配置管理员等。CCB不必是常设机构，完全可以根据工作的需要组成，例如按变更内容和变更请求的不同，组成不同的CCB。小的项目CCB可以只有一个人，甚至只是兼职人员。

通常，CCB不只是控制配置变更，还需承担更多配置管理相关的任务，例如：配置管理计划审批、基线设立审批、产品发布审批等。

（3）配置管理员（Configuration Management Officer，CMO），负责在项目的整个生命周期中进行配置管理活动，具体活动有：编写配置管理计划；建立和维护配置管理系统；建立和维护配置库；配置项识别；建立和管理基线；版本管理和配置控制；配置状态报告；配置审计；发布管理和交付；对项目成员进行配置管理培训。

（4）开发人员（Developer，Dev），开发人员的职责就是根据项目组织确定的配置管理计划和相关规定，按照配置管理工具的使用模型来完成开发任务。

二、配置管理活动

软件配置管理是在贯穿整个软件生命周期中建立和维护项目产品的完整性。配置管理包括六个主要活动：制定配置管理计划、配置标识、配置控制、配置状态报告、配置审计、发布管理与交付。

1. 配置管理计划。配置管理计划是对如何开展项目配置管理工作的规划，是配置管理过程的基础。配置管理员根据合同或项目要求，在某一项目或项目的某一阶段开始前制定《配置管理计划》，由配置控制管理委员会（CCB）负责审批该计划。

《配置管理计划》应包括以下方面的内容：

（1）配置管理类活动，覆盖的主要活动包括配置标识、配置控制、配置状态报告、配置审计、发布管理与交付等。

（2）实施这些活动的规范和流程。

（3）实施这些活动的进度安排。

（4）负责实施这些活动的人员或组织，以及他们和其他组织的关系。

2. 配置标识。配置标识也称配置识别，包括为系统选择配置项并在技术文档中记录配置项的功能和物理特征。Pressman 对于配置项给出了一个比较简单的定义："软件过程的输出信息可以分为三个主要类别：计算机程序（源代码和可执行程序），描述计算机程序的文档（针对技术开发者和用户），以及数据（包含在程序内部或外部）。这些项包含了所有在软件过程中产生的信息，总称为软件配置项。"配置标识是配置管理员的职能，基本步骤如下：

（1）识别需要受控的配置项；

（2）为每个配置项指定唯一性的标识号；

（3）定义每个配置项的重要特征；

（4）确定每个配置项的所有者及其责任；

（5）确定配置项进入配置管理的时间和条件；

（6）建立和控制基线；

（7）维护稳定和组件的修订与产品版本之间的关系。

所有配置项都应按照相关规定统一编号，按照相应的模板生成，并在文档中的规定章节（部分）记录对象的标识信息。在引入软件配置管理工具进行管理后，这些配置项都应以一定的目录结构保存在配置库中。

配置管理员为项目创建配置库，并给每个项目成员分配权限。各项目成员根据自己的权限操作配置库。配置管理员定期维护配置库，例如清除垃圾文件、备份配置库等。

配置库分为开发库、受控库、产品库三种。其中：

开发库，也称为动态库、程序员库或工作库，用于保存开发人员当前正在开发的配置实体。动态库是开发人员的个人工作区，由开发人员自行控制。库中的信息可能有较为频繁的修改，可随时任意修改。

受控库，也称为主库，包含当前的基线加上对基线的变更。受控库中的配置项被置于完全的配置管理之下。在信息系统开发的某个阶段工作结束时，将当前的工作产品存入受控库。受控库可以修改，但是必须走变更流程，经过同意后，才能进行修改。

产品库，也称为静态库、发行库、软件仓库，包含已经发布使用的各种基线的存档，被置于完全的配置管理之下。在开发的信息系统产品完成系统测试之后，作为最终产品存入产品库中，等待交付用户或现场安装。这种库一般是不允许修改的，若一定要修改需要走变更流程。

3. 配置控制。配置控制又称为配置项和基线的变更控制。它主要的工作任务是：标识和记录变更申请，分析和评价变更，批准或否决申请，实现、验证和发布已修改的配置项。在每次修改时应保存审计追踪，并可以追踪修改的原因和修改的授权。对处理安全性或安全保密性功能的受控软件项的所有访问均应进行控制的审核。

在项目开发过程中，绝大部分的配置项都要经过多次的修改才能最终确定下来。对配置项的任何修改都将产生新的版本。由于我们不能保证新版本一定比老版本"好"，所以不能抛弃老版本。版本控制的目的是按照一定的规则保存配置项的所有版本，避免发生版本丢失或混淆等现象，并且可以快速准确地查找到配置项的任何版本。

配置项的状态有三种："草稿""正式"和"修改"。配置项刚建立时，其状态为"草稿"。配置项通过评审后，其状态变为"正式"。此后若更改配置项，则其状态变为"修改"。当配置项修改完毕并重新通过评审时，其状态又变为"正式"。如图 8.6 所示。

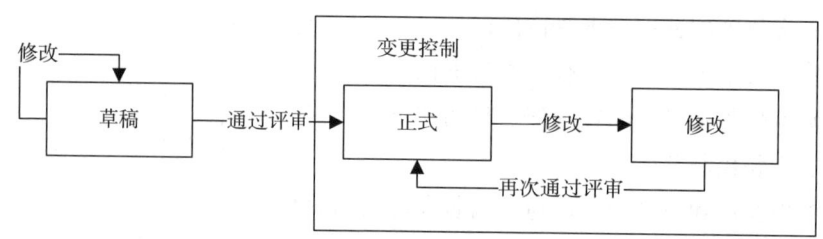

图 8.6　配置项状态间的转化

配置项的版本号规则：

（1）处于"草稿"状态的配置项的版本号格式为 0.YZ，YZ 的数字范围为 01~99。随着草稿的修正，YZ 的取值应递增。YZ 的初值和增幅由用户自己把握。

（2）处于"正式"状态的配置项的版本号格式为 X.Y，X 为主版本号，取值范围为 1~9。Y 为次版本号，取值范围为 0~9。配置项第一次成为"正式"文件时，版本号为 1.0。

（3）处于"修改"状态的配置项的版本号格式为 X.YZ。配置项正在修改时，一般只增大 Z 值，X.Y 值保持不变。当配置项修改完毕，状态成为"正式"时，将 Z 值设置为 0，增加 X.Y 值。

（4）在项目开发过程中，配置项发生变更几乎是不可避免的。变更控制的目的就是防止配置项被随意修改而导致混乱。

（5）变更流程：变更申请——变更评估——通告评估结果——变更实施——变更验证与确认——变更发布——基于配置库的变更控制。

（6）修改处于"草稿"状态的配置项不算是"变更"，无需 CCB 的批准，修改者按照版本控制规则执行即可。

（7）当配置项的状态成为"正式"，或者被"冻结"后，任何人都不能随意修改，必须依据"申请–审批–执行变更–再评审–结束"的规则执行。

4. 配置状态报告。配置状态报告就是根据配置项操作数据库中的记录来向管理者报告软件开发活动的进展情况。其任务是有效地记录和报告管理配置所需要的信息，目的是及时、准确地给出配置项的当前状况，供相关人员了解，以加强配置管理工作。配置状态报告应定期进行，并着重反映当前基线项的状态，以向管理者报告系统开发活动的进展情况。

配置状态报告应该包括以下内容：

（1）每个受控配置项的标识和状态。一旦配置项被置于配置控制下，就应该记录和保存它的每个后继进展的版本和状态。

（2）每个变更申请的状态和已批准的修改的实施状态。

（3）每个基线的当前和过去版本的状态以及各版本的比较。

（4）其他配置管理过程活动的记录。

5. 配置审计。配置审计也称为配置审核或配置评价，包括功能配置审计和物理配置审计，分别用以验证当前配置项的一致性和完整性。为了保证所有人员（包括项目成员、配置管理员和 CCB）都遵守配置管理规范，质量保证人员要定期审计配置管理工作，用以验证当前配置项的一致性和完整性。配置审计是一种"过程质量检查"活动，是质量保证人员的工作职责之一。

配置审计的实施是为了确保项目配置管理的有效性，体现了配置管理的最根本要求——不允许出现任何混乱现象。具体来说，配置审计的作用为：

①防止向用户提交不适合的产品，如交付了用户手册的不正确版本。

②发现不完善的实现，如开发不符合初始规格说明或未按变更请求实施变更。

③找出各配置项间不匹配或不相容的现象。

④确认配置项已在所要求的质量控制审核之后纳入基线并入库保存。

⑤确认记录和文档保持着可追溯性。

（1）功能配置审计。功能配置审计是审计配置项的一致性（配置项的实际功效是否与其需求一致），具体验证以下几个方面：

①配置项的开发已圆满完成。

②配置项已达到配置标识中规定的性能和功能特征。

③配置项的操作和支持文档已完成并且是符合要求的。

（2）物理配置审计。物理配置审计是审计配置项的完整性（配置项的物理存在是否与预期一致），具体验证如下几个方面：

①要交付的配置项是否存在。

②配置项中是否包含了所有必须的项目。

6. 发布管理与交付。发布管理与交付活动的主要任务是有效控制软件产品和文档的发行和交付，在软件产品的生存期内妥善保存代码和文档的母拷贝。

（1）存储。

（2）复制。

（3）打包。应确保按批准的规程制备交付的介质。应在需方容易辨认的地方清楚标出发布标识。

（4）交付。供方应按合同中的规定交付产品或服务。

（5）重建。应能重建软件环境，以确保发布的配置项在所保留的先前版本要求的未来一段时间里是可重新配置的。

任务十　了解项目人力资源管理

任务描述

在组建项目团队时，团队的成员会经历哪些阶段？

核心知识

一、人力资源管理过程

软件项目是以团队的方式进行开发的，团队成员的工作绩效直接影响到整个项目的成败，因此，必须对项目团队进行卓有成效的管理。

项目人力资源管理就是指通过不断地获得人力资源，把得到的人力整合到项目中并使其融为一体，保持和激励他们对项目的忠诚和积极性，控制他们的工作绩效并做出相应的调整，尽量发挥他们的潜能，以支持项目目标的实现的活动和过程。

成功的项目团队的特点：

（1）团队的目标明确，成员清楚自己的工作，对目标的贡献。

（2）团队的组织结构清晰，岗位明确。

（3）有成文或习惯的工作流程和方法，而且流程简明有效。

（4）项目经理对团队成员有明确的考核和评价标准，工作结果公正公开赏罚分明。

（5）有共同制定并遵守的组织纪律。

（6）协同工作，也就是一个成员工作需要依赖于另一个成员的结果，善于总结和学习。

项目人力资源管理的过程包括人力资源计划编制、项目团队组建、项目团队建设、项目团队管理。

1. 人力资源计划编制。人力资源计划编制是指根据项目管理计划和实际需求，对项目角色、职责以及报告关系进行识别、分配和归档。在人力资源计划中一般包括了项目团队组建的问题、时间的安排、成员遣散的安排、培训需求。

（1）组建项目团队。在规划项目团队成员招募过程中，应该明确组织的人力资源部门为项目管理团队提供支持的程度；人力资源来自于组织内部还是组织外部；团队成员需要集中办公还是分散办公；项目所需的各种技术水平的费用范围等问题。

（2）时间安排。IT项目组是一个临时的、专门的柔性组织，这一特点使得在人员配备计划中明确项目对各个或各组成员的时间安排显得尤为重要。明确一个人、一个部门或者整个项目团队在整个项目期间每周或每月需要工作的时间是非常重要，也是非常必要的。

（3）成员遣散安排。确定团队成员的遣散方法和时间是人员配备计划的一个重要内容。在最佳时间，将团队成员撤离项目，可以降低项目成本。通过为项目成员做好过渡到新项目中去的安排，可以降低或消除项目成员对未来工作机会的不确定心理，鼓舞士气。

（4）培训需求。如果预期招募的员工不满足IT项目任务特定的技术技能，则应该制定相关的培训计划，对员工进行有针对性的技术培训，以确保任务的完成。

2. 项目团队组建。根据项目人力资源计划，通过有效手段获得项目所需的人员，组建项目团队。获取适合的项目人员是对IT项目人力资源管理最关键的挑战。

3. 项目团队建设。提高项目团队成员的技能，以加强他们完成项目任务的能力；增进团队成员之间的信任感和凝聚力，以提高团队协作的能力，达到提高生产力的目的。

4. 项目团队管理。通过跟踪团队成员绩效，分析反馈信息，解决问题并协调各类变更，特别是人力资源需求的变更，提高项目绩效。

二、组建项目团队

在软件开发的组织结构中，作为系统的开发队伍，一般包含项目负责人、总体设计师、实施项目管理师、项目管理委员会，下设项目管理小组、项目评审小组和项目产品项目组（如需求分析小组、总体设计小组、结构设计小组、编码测试小组、系统维护小组和文档管理员等）。

项目团队建设就是培养、改进和提高项目团队成员个人以及项目团队整体的工作能力，使项目管理团队成为一个特别有能力的整体，在项目管理过程中不断提高管理能力，改善管理业绩。

（一）项目经理的选择

IT项目成败的关键人物是项目经理，他在项目管理中起到决定性的作用。对项目经理的选择一般有三种方式：由企业高层领导委派、由企业和用户协商选择、竞争上岗。

一个优秀的 IT 项目经理至少需要具备三种基本能力：解读项目信息的能力、发现和整合项目资源的能力、将项目构想变成项目成果的能力。

对项目经理的选择首先应从有丰富项目经验的工程师开始，发掘和培养那些不但专业技能熟练，而且有较强领导能力的人。

（二）项目团队成员的选择

合理地选留团队人员是成功完成软件项目的切实保证。所谓合理选留团队成员，应该包括按不同阶段适时任用人员，恰当掌握人员标准。

1. 人员配备遵循的原则。主要遵循以下三个原则：

（1）重质量：软件项目是技术性很强的工作，对于关键性的任务应任用少量有能力和有经验的人员去完成。

（2）重培训：必须花费精力培养所需的技术人员和管理人员。

（3）双梯队提升：人员的提升应该分别按技术职务和管理职务进行。

2. 选择人员的途径。在一个项目中，人员的来源一般有以下三种。

（1）候选人自荐。通过他们的简历可以粗略了解候选人的背景和经历。

（2）面试。通过面试可以获得候选人更直观的信息。

（3）他人推荐。通过候选人的同事或朋友推荐。

当然，除了这些之外还有很多途径，不管哪一种都应该以最优方式选择最恰当的人员到合适的位置上。一般通过综合考虑人员的素质来评价其能否成为团队一员，可以从应用领域的经验、开发技术水平、教育背景、沟通协调能力及工作态度等方面去考虑。

3. 团队成员的去留。任何团队都会面临人员的流失，如何留住成员是项目经理在项目管理过程中面临的重要问题。团队成员会因为个人原因、外部原因等各种因素离开团队，特别是骨干成员的离职对项目能否按项目计划如期完成更是一种挑战。为此，项目经理应该做到以下几点。

（1）尊重成员的个人选择，不以个人情绪阻碍成员去留。

（2）在团队管理过程中，尽可能满足成员合理的个人需求。包括生理需求、安全需求、社会交往需求、受尊重需求以及自我实现需求等。

①生理需求，是衣食住行等需求，常见的激励措施有：员工宿舍、工作餐、工作服、班车、工资、补贴、奖金等。

②安全需求，包括对人身安全、生活稳定、不致失业以及免遭痛苦、威胁或疾病等的需求。常见的激励措施有：养老保险、医疗保障、长期劳动合同、意外保险、失业保险等。

③社会交往的需求，包括对友谊、爱情以及隶属关系的需求。激励措施有：定期员工活动、聚会、比赛、俱乐部等。

④受尊重的需求，包括自尊心和荣誉感。常见的激励措施有：荣誉性的奖励，形象、地位的提升，颁发奖章，作为导师培训别人等。

⑤自我实现的需求，包括实现自己的潜力，发挥个人能力到最大程度，使自己越来越成为自己所期望的人物。常见的激励措施有：给成员更多的空间让其负责，将其纳入智囊团、参与决策、参与公司的管理会议等。

通过各种激励措施尽可能保持成员的稳定性，提高成员间的凝聚力和忠诚度，更好地为项目服务。

三、软件团队建设

团队建设是现代软件开发中的一个关键的内容，如何做好团队建设工作是所有软件项目管理者首先要考虑的问题。所谓开发团队，很多人可能认为就是技术人员的简单组合，团队利用人员各自的经验以期达到最终目标。然而事实证明，这样的组合根本无法完成任务，成功的团队应该具有一种团队精神，团队的成功与个人的目标是一致的，因此管理者需要对团队进行建设，而非简单地把人员召集在一块。

鲁斯·塔克曼（Bruce Tuckman）的团队发展阶段（Stages of Team Development）模型可以被用来辨识团队构建与发展的关键性因素，并对团队的历史发展给予解释。

团队发展的五个阶段是形成阶段、震荡阶段、规范阶段、成熟阶段、解散阶段，根据 Tuckman 所有五个阶段都是必须的、不可逾越的，团队在成长、迎接挑战、处理问题、发现方案、规划、处置结果等一系列经历过程中必然要经过上述五个阶段，如图 8.7 所示。

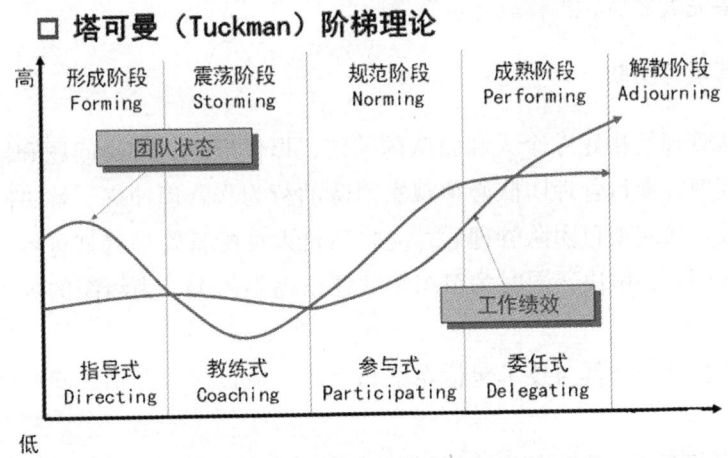

图 8.7　项目团队经历的五个阶段

（1）形成阶段，团队成员基本上都会有一个积极的愿望。基于开始，项目工作团队成员的情绪特点可能包括兴奋、希望、怀疑、焦急和犹豫不决，这时团队成员还不了解他们自己的职责和其他成员的角色，项目经理在这一阶段进行组织构建工作，包括确立团队工作的初始操作规程、团队规范、沟通渠道审批及文件记录工作，这类工作规程会在未来的阶段发展中得到完善和提高。为减轻人们的顾虑，项目经理要探讨他对项目团队中人员的工作及行为的管理方式和期望，需要使团队着手一些起始工作，例如，让团队成员参与制定项目计划等。

（2）震荡阶段，开始缓慢地推进工作，经常会产生冲突、气氛紧张，需要为应付及解决矛盾达成一致意见。这一阶段团队成员士气很低，成员们可能会抵制形成团队震荡期，震荡阶段的特点是人们有挫折、怨愤或者对立的情绪。项目经理在这个阶段要对每个成员的职责和团队成员相互间的行为进行明确和分类，使每个成员明白无误，项目经理要接受和容忍团队成员的任何不满，不能因此产生情绪，如果团队成员有不满情绪而不能得到解决，这种情绪就会不断积聚，导致项目团队的震荡，将项目的成功置于危险之中。

（3）规范阶段，团队凝聚力开始形成，有了团队的感觉。每个成员为实现项目目标所做的贡献，都会得到认可和赞同。团队的信任得以发展，团队成员的不满情绪也有所缓解。项目规定和团队规范得到改进和正规化。

（4）成熟阶段，项目团队积极地工作，以实现项目目标。这个阶段的团队工作效率很高，有集体感和荣誉感，能开放真诚及时地进行沟通，在这一阶段团队相互依赖程度高，团队成员能感受到被项目经理高度授权，如果出现问题，就由适当的团队成员组成临时小组解决问题，并且决定如何实施方案。

（5）解散阶段，在这个阶段，团队完成所有工作，团队成员离开项目；通常在项目可交付成果完成之后，再释放人员解散团队。

四、管理项目团队

项目团队管理是指跟踪个人和团队的绩效，提供反馈，解决问题和协调变更，以提高项目的绩效。项目管理团队必须观察团队的行为、管理冲突、解决问题和评估团队成员的绩效。实施项目团队管理后，应将项目人员配备管理计划进行更新，提出变更请求、实现问题的解决，同时为组织绩效评估提供依据，为组织的数据库增加新的经验教训。

项目团队管理的工具与技术包括观察和交谈、项目绩效评估、问题清单和冲突管理。

（1）观察和交谈。观察和交谈用于随时了解团队成员的工作情况和思想状态。如果是虚拟团队，就要求项目管理团队进行更加积极主动的、经常性的沟通，不管是以面对面还是其他合适的方式。

（2）项目绩效评估。在项目实施期间进行绩效评估的目标是澄清角色、责任，从团队成员处得到建设性的反馈，发现一些未知的和未解决的问题，制定个人的培训和训练计划，为将来一段时间制定具体目标。

正式和非正式的项目绩效评估依赖于项目的持续时间、复杂程度、组织政策、劳动合同的要求以及定期沟通的数量和质量。项目成员需要从其主管那里得到反馈。评估信息的收集也可以采用360度反馈的方法，从那些和项目成员交往的人那里得到相关的评估信息。360度的意思是绩效信息的收集可以来自多个渠道、多个方面，包括上级领导、同级同事和下级同事。

（3）问题清单。将在管理项目团队的过程中出现的问题记录在问题清单里有助于知道谁在预定日期前负责解决这个问题，问题的解决又有助于项目团队消除阻止其实现项目目标的各种障碍。

（4）冲突管理。项目冲突管理是从管理的角度运用相关理论来面对项目中的冲突事件，引导冲突朝积极的方向发展，避免其负面影响，保证项目目标的实现。

任务十一　了解软件项目风险管理

任务描述

在项目研发的过程中，应该如何进行风险管理？

核心知识

在软件开发过程中，需要投入大量人力、物力和财力，同时或多或少地使用一些新技术、新方法，这就造成软件开发过程中存在某些"不确定因素"，必然会给项目的开发带来一定程度的风险。如果不加以管理，这些风险就可能使项目计划不能完全达到预期目标或导致项目失败。因此，项目风险管理是项目管理过程中必不可少的。风险管理涉及四种不同的活动：风险识别、风险估计、风险评价和风险控制。

一、风险的分类

常见的风险可以从不同的角度、根据不同的标准进行分类。

1. 按照风险后果划分，风险可划分为纯粹风险和投机风险。

（1）纯粹风险：不能带来机会、无获得利益可能的风险，叫纯粹风险。纯粹风险只能有两种后果：造成损失和不造成损失。纯粹风险造成的损失是绝对的损失。

（2）投机风险：既可能带来机会、获得利益，又隐含威胁、造成损失的风险，叫投机风险。投机风险有三种可能的后果：造成损失、不造成损失和获得利益。如果投机风险使活动主体蒙受了损失，全社会不一定也跟着受损失。相反，其他人有可能因此而获得利益。

纯粹风险和投机风险在一定条件下可以相互转化。项目管理人员必须避免投机风险转化为纯粹风险。

2. 按风险来源划分，风险可划分为自然风险和人为风险。

（1）自然风险：由于自然力的作用，造成财产毁损或人员伤亡的风险属于自然风险。

（2）人为风险：是指由于人的活动而带来的风险。人为风险又可以细分为行为、经济、技术、政治和组织风险等。

3. 按风险的可预测性划分，风险可划分为已知风险、可预测风险和不可预测风险。

（1）已知风险：在认真、严格地分析项目及其计划之后就能够明确的那些经常发生的，而且其后果亦可预见的风险。已知风险发生概率高，但一般后果轻微、不严重。项目管理中已知风险的例子有：项目目标不明确，过于乐观的进度计划，设计或施工变更，材料价格波动，等等。

（2）可预测风险：可以预见其发生，但不可预见其后果的风险。这类风险的后果有时可能相当严重。项目管理中的例子有：业主不能及时审查批准，分包商不能及时交工，施工机械出现故障，不可预见的地质条件，等等。

（3）不可预测风险：有可能发生，但其发生的可能性即使最有经验的人亦不能预见的风险。不可预测风险有时也被称为未知风险或未识别的风险。它们是新的、以前未观察到或很晚才显现出来的风险。这些风险一般是外部因素作用的结果，例如政策变化、通货膨胀、自然灾害等。

二、风险管理

风险管理实际上涉及四种不同的活动：风险识别、风险估计、风险评价和风险控制。

1. 风险识别。风险识别是用感知、判断或归类的方式对现实的和潜在的风险性质进行鉴别的过程。风险识别是风险管理的第一步，也是风险管理的基础。只有在正确识别出自身所面临的风险的基础上，人们才能够主动选择适当有效的方法进行处理。风险的识别是风险管理的首要环节，只有在全面了解各种风险的基础上，才能够预测风险可能造成的危害，从而选择处理风险的有效手段。

存在于人们周围的风险是多样的，既有当前的也有潜在于未来的，既有内部的也有外部的，既有静态的也有动态的，等等。风险识别的任务就是要从错综复杂的环境中找出经济主体所面临的主要风险。

风险识别一方面可以通过感性认识和历史经验来判断；另一方面也可通过对各种客观的资料和风险事故记录的分析、归纳和整理以及必要的专家访问，找出各种明显和潜在的风险及其损失规律。因为风险具有可变性，因而风险识别是一项持续性和系统性的工作，要求风险管理者密切注意原有风险的变化，并随时发现新的风险。

风险识别的方法有多种，主要包括风险清单法、流程图分析法、财务报表分析法和实地调查法等，并且可以将风险分为项目风险、技术风险和商业风险。项目风险识别潜在的预算、进度、个人、资源和需求方面的问题以及他们对软件项目的影响；技术风险识别潜在的设计、实现、接口、检验与维护方面的问题；商业风险是指由于交易双方中的某一方，或与之关联的某一方的原因导致的风险，比如款式过时、价格过高、质量投诉、商业机密泄露等现象。

2. 风险估计。可以使用两种方法来估计每一种风险，一种方法是评估一个风险发生的可能性，另一种方法是估计那些与风险有关的问题可能产生的结果，一般由项目计划人员与管理人员、技术人员一起来进行风险估计活动。风险估计的步骤一般分为以下五步：

（1）建立一个标准，可以是定性的、定量的、绝对的或者相对的标准，来表示一个风险的可能的、定量的、绝对的或者相对的标准。

（2）描述风险的结果。

（3）估计风险对项目与产品的结果。

（4）确定风险估计的正确性。

（5）根据已掌握的风险对项目的影响，可以给项目分配权值，然后再对各种项目进行排序。

3. 风险评价。在风险识别和风险估计的基础上，对风险发生的概率，损失程度，结合其他因素进行全面考虑，评估发生风险的可能性及其危害程度，并与公认的安全指标相比较，以衡量风险的程度，并决定是否需要采取相应的措施的过程。

风险评价的主要任务包括：

（1）识别项目所面临的各种风险。

（2）识别风险概率和可能带来的负面影响。

（3）确定项目承受风险的能力。

（4）确定风险消除和控制的优先等级。

（5）推荐风险消除对策。

4. 风险控制。风险控制是指风险管理者采取各种措施和方法，消除或减少风险事件发生的各种可能性或者减少风险事件发生时造成的损失，利用某些技术和方法来回避而转移风险。

针对不同的风险类型，采取不同的风险控制方法。

风险类型	风险控制方法	含义
消极	回避	改变项目计划，以排除风险或条件，或者保护项目目标，使其不受影响，或对受到威胁的一些目标放松要求，如延长进度或减少范围。
	转移	将风险的后果连同应对的责任转移到第三方身上。如保险、履约保证书、担保书和保证书、签订固定总价合同等。
	减轻	通过缓和或预知等手段来减轻风险，降低风险发生的可能性或减缓风险带来的不利后果以达到风险减少的目的。
	接受	项目组有意识地选择自己承担风险后果的策略，采取其他风险避让方法的费用超过风险事件造成的损失时可采取接受风险的办法。
积极	开拓	目标在于通过确保机会肯定实现而消除与特定积极风险相关的不确定性。
	分享	将风险的责任分配给最能从项目中获取利益和机会的第三方，包括建立风险分享合作关系。
	提高	通过提高积极风险的概率或其积极影响，识别并最大限度地发挥该风险的作用。

任务十二　实验实训

阅读下列说明，回答问题 1~问题 4，将解答填入答题纸的对应栏内。

[说明]

W 公司与所在城市电信运营商 Z 公司签订了该市的通讯运营平台建设合同。W 公司为此成立了专门的项目团队，由李工担任项目经理，参加项目的还有监理单位和第三方测试机构。李工对项目工作进行了分析制定出如下表所示的任务清单，经过分析后李工认为进度风险主要来自需求分析与确认环节，因此在活动清单定义的总工期基础上又预留了 4 周的应急储备时间。该进度计划得到了 Z 公司和监理单位的认可。

代号	任务	紧前工作	持续时间（周）
A	项目启动与人员、资源分配	——	8
B	需求分析与确认	A	4
C	总体设计	B	4
D	总体设计评审和修订	B	2

代号	任务	紧前工作	持续时间（周）
E	详细设计（包括软硬件）	C、D	10
F	编码、单元测试、集成测试	E	15
G	硬件安装与调试	B	4
H	现场安装与软硬件联合测试	F、G	8
I	第三方测试	H	8
J	系统试运行与用户培训	I	2

在项目启动与人员、资源调配（任务 A）阶段，李工经过估算后发现编码、单元测试、集成测试（任务 F）的技术人员不足。经过公司领导批准后，公司人力资源部开始招聘技术人员。项目前期工作进展顺利，进入详细设计（任务 E）后，负责任务 E 的骨干老杨提出，详细设计小组前期没有参加需求调研和确认，对需求文档的理解存在疑问。经过沟通后，李工邀请 Z 公司用户代表和项目团队相关人员召开了一次推进会议。会后老杨向李工提出，由于先前对部分需求的理解有误，须延迟 4 周才能完成详细设计。考虑到进度计划中已预留了 4 周的时间储备，李工批准了老杨的请求，并按原计划继续执行。

任务 E 延迟 4 周完成后，项目组开始编码、单元测试和集成测试（任务 F）。此时人力资源部招聘的新员工陆续入职，为避免进度延迟，李工第一时间安排他们上岗，新招聘的员工大多是应届毕业生，即便有老员工的带领，工作效率仍然不高。与此同时，W 公司催促李工加快进度，李工只得组织新老员工加班。虽然他们每天加班，可最终还是用了 20 周才完成原来计划用 15 周完成的任务 F。此时已经临近春节假期，在李工的提议下，W 公司决定让项目组在假期结束前提前 1 周入驻 Z 公司进行现场安装与软硬件联合调试。由于 Z 公司和监理单位春节期间只有值班人员，无法很好地配合项目组工作，导致联合调试工作进展不顺利。为了把延误的进度赶回来，经公司同意，春节后一上班，李工继续组织项目团队加班。此时许多成员都感到身心疲惫，工作效率低下，对项目经理的安排充满了抱怨。

[问题 1]

请根据李工制定的任务清单，按照下图示例绘制出项目的前导图，并指出项目的关键路径，计算计划总工期、活动 C 和 G 的总时差（总浮动时间）。

0	8	8
A		
0		8

8	4	12
B		
8		12

最早开始时间	持续时间	最早完成时间
任务名称		
最迟开始时间	浮动时间	最迟完成时间

图示前导图

[问题2]

请结合本案例简要叙述项目经理在进度管理中存在的主要问题。

[问题3]

如果你是项目经理，请结合本案例简要叙述后续可采取哪些应对措施。

[问题4]

除了采用进度网络分析、关键路径法和进度压缩计算外，项目经理李工在制定进度计划时还可以采取哪些方法或工具。

小结

大量的工程实践证明，软件项目管理是保证软件产品质量，保证软件项目开发成功的关键。现代软件开发特别强调对软件开发全过程的跟踪和控制，因此软件项目管理贯穿整个软件生命周期。在项目的实施过程中，需按照软件项目计划有序开展项目，对软件开发成本、资源进行有效控制，同时避免和控制项目风险。

本章在介绍项目管理的主要特点和内容的基础上，对软件项目整体管理、范围管理、进度管理、成本管理、质量管理、沟通和干系人管理、采购和合同管理、配置管理、人力资源管理以及风险管理进行了介绍。

参考文献

［1］王阿川主编：《软件工程基础与实例分析》，机械工业出版社 2014 年版。

［2］葛文庚主编：《软件工程案例教程》，电子工业出版社 2015 年版。

［3］周苏等：《软件工程基础》，中国铁道出版社 2011 年版。

［4］耿建敏、吴文国编著：《软件工程》，清华大学出版社 2017 年版。

［5］陈恒、王雅轩、景雨编著：《软件工程教学做一体化教程》，清华大学出版社 2013 年版。

［6］许家珆等编著：《软件工程——理论与实践》，高等教育出版社 2017 年版。

［7］李发陵、刘志强主编：《软件工程》，清华大学出版社 2013 年版。

［8］谭志彬、柳纯录主编：《信息系统项目管理师教程》，清华大学出版社 2017 年版。